트레일 러너

단지 달렸을 뿐인데 삶이 빛났다

트레일 러너

단지 달렸을 뿐인데 삶이 빛났다

저자 안병식

초판 1쇄 발행일 2020년 7월 20일

기획 및 발행 유명종
편집 이지혜
디자인 이다혜
조판 신우인쇄
용지 에스에이치페이퍼
인쇄 신우인쇄

발행처 디스커버리미디어
출판등록 제 300-2010-44(2004. 02. 11)
주소 서울시 종로구 사직로8길 34 경희궁의 아침 3단지 오피스텔 431호
전화 02-587-5558
팩스 02-588-5558

ISBN 979-11-88829-16-3 03980

Thanks for 출간을 제안해주고 책을 만들어주신 디스커버리미디어의 유명종 편집장님과
제주국제트레일러닝대회 체험기를 써주신 <아무튼, 산>의 저자 장보영 님께 감사드립니다.

트레일 러너

단지 달렸을 뿐인데 삶이 빛났다

글·사진 안병식

디스커버리미디어

안병식의 울트라 트레일 러닝 대회 참가 현황

북극점 마라톤 우승
독일 종단 17일 완주
이탈리아 라바레도
울트라 트레일 완주
중국 고비사막
마라톤 우승
제주국제 울트라 마라톤 우승
이집트 사하라사막
마라톤 3위
타이완 종단 미디어팀 참여
홍콩 울트라 트레일 레이스 완주
홍콩 트랜스 란타우 완주
인도
히말라야 레이스 3위
베트남 정글 레이스 완주
마다가스카르 레이스 완주
호주 울트라
레이스 완주
나미브사막 마라톤 완주
남아프리카공화국
칼라하리사막 마라톤 완주

책을 내면서

나는 더 자유롭고 더 행복해졌다

그냥 달렸을 뿐인데, 예전보다 행복했다

나는 왜 달릴까? 시작은 건강 때문이었다. 다음엔 도전과 성취감이 좋았다. 하지만 어느 순간, 아스팔트 위를 달리는 게 재미없어졌다. 지루했다. 도로를 벗어나기로 했다. 산과 초원과 오름, 바닷가 모래 위를 달리기 시작했다. 그때부터 달리기는 여행이었다. 일상에서 벗어나 자연으로 달리기 여행을 떠났다. 그곳엔 자동차 매연이나 소음이 없었다. 사고의 위험도 적었다. 돌과 흙을 밟고, 매 순간 풍경이 바뀌므로 지루할 틈이 없었다.

아침 6시, 알람 소리에 잠에서 깬다. 가까운 오름으로 향한다. 자연 속을 달리면 잠들어 있던 내 몸의 감각들이 깨어나기 시작한다. 자연을 보고, 듣고, 냄새 맡으며 하루를 시작한다. 풀잎에 방울방울 매달려 있는 아침이슬, 가슴속 깊이 찾아드는 숲의 향기, 이름 모를 새들의 지저귐, 들판에 핀 꽃과 풀들. 달리는 내내 제주의 자연을 느낀다. 온 세상이 하얗게 눈으로 덮인 세상을 달릴 때는 마치 동화 속 나라를 달리는 착각에 빠지기도 한다.

달리기는 자연스럽게 호기심, 모험과 도전 정신을 키워주었다. 거칠고 상쾌한 자연의 자극은 내가 일상적으로 하는 고민이 얼마나 작고 보잘것없는지 일깨워 준다. 달리기 여행은 나를 변화시켰다. 내가 몸담은 일상 세계가 작은 우물임을 깨닫게 해준다. 매일 아침 달리러 나갈 때면 새로운 곳으로 여행을 떠나는 것처럼 가슴이 설렌다.

트레일 러닝은 우리의 삶과 많이 닮았다. 내가 좋아서 달리지만 힘들고 지칠 때도 있다. 길을 잃을 때도 있고 포기하고 싶을 때도 있다. 누가 시키지도 않았는데 나는 왜 이렇게 힘들게 달리고 있을까? 가끔 물음표를 던질 때도 있다. 어린애처럼 울고 싶을 때도 있다. 하지만 분명한 것은, 단지 달렸을 뿐인데 예전보다 더 행복해졌다는 것이다.

그냥 달렸을 뿐인데, 나는 더 자유롭다

달리기는 내게 다른 세상을 보여주었다. 자연으로 이끌어 주었고, 더 큰 세상으로 향하는 문을 열어 주었다. 사하라, 알프스, 히말라야, 안데스, 파타고니아, 남극과 북극점 등 세계 여러 나라의 다양한 레이스를 경험할 기회를 주었으며, 그렇게 사막과 오지, 세상의 끝을 달리면서 많은 사람과 새로운 세상을 만나게 해주었다. 가고 싶은 곳을 가고, 달리고 싶은 곳을 마음껏 달리면서 나는 '자유로운 영혼'이 되었다.

트레일 러닝을 하는 동안은 나 혼자만의 '명상의 시간'이다. 자연 속을 달리며 나 자신과 대화하고, 이전보다 더 나은 내가 되기 위해 다짐도 한다. 누구의 간섭도 없다. 자연을 달리는 동안은 언제나 혼자이고 언제나 자유이다. 오직 나를 느끼는 시간, 오직 내면의 소리에 집중하는 시간, 순전히 나 자신과 만나는 시간이다.

달리기를 시작한 후 나는 많이 달라졌다. 나를 더 사랑하게 되었고, 살아 있는 것에 감사하며 깊은 행복감을 느낀다. 내 안의 우울과 답답함에서 벗어나 자신을 긍정하고, 세상에 대해 건강한 호기심을 갖게 되었다. 새로운 나를 찾아가는 것, 그것이 성장이라고 한다면 나는 말할 수 있다. 나는 달리면서 성장했다. 달리기는 내 인생의 최고 선물이다.

나는 달린다. 더 멀리 있는 세상을 보기 위해, 더 많은 사람을 만나기 위해, 더 많은 것을 경험하기 위해, 외로워도 슬퍼도 나는 울지 않고 달린다.

2020년 여름, 안병식

목차

STAGE 1

프롤로그

나는 나를 믿게 되었다

달리기가 나에게 준 것들

달리기는 내게 참 많은 선물을 주었다. 자신감, 도전 의식, 건강, 집중력, 자존감, 혼자만의 시간, 나를 사랑하는 방법……. 아낌없이 주는 나무 같았다. 달리기는 마르지 않은 샘물이었고, 나에겐 오아시스 같은 존재였다.

날라리 그림쟁이, 자유에 빠지다

"인생은 초콜릿 상자 같은 거란다. 아무도 어떤 걸 갖게 될지는 알 수 없어."

영화 <포레스트 검프>에서 검프의 엄마가 아들에게 말해주는 인생에 관한 은유다. 운명 따라 삶을 사는 건지, 바람처럼 떠돌며 사는 건지 알 수 없는 검프에게 엄마는 지혜로운 인생의 조언을 들려준다. 초콜릿 상자처럼 자신의 인생이 어떻게 될지 알 수 없는 거라고. 누구나 꿈꾸는 대로 살아가는 건 어렵다. 살다 보면 때로는 예상치 못한 일을 만나게 된다. 내가 달리기를 하게 될 줄은 꿈에도 상상하지 못했던 것처럼.

나는 미술을 전공했다. 미대생의 수업은 다른 전공과 조금 다르다. 수업은 대부분 강의실이 아니라 작업실에서 이루어진다. 그리고 자기만의 공간이 있다. 먼 선배 때부터 사용해오던 삐걱거리는 낡은 이젤과 캔버스로 주위를 막아 1~2평 남짓한 자기만의 공간을 만든다. 작업실엔 물감과 오일이 뒤섞인 특유의 냄새가 진동하고 누군가 틀어 놓은 음악이 공기처럼 흐른다. 작업실에는 서로 다른 개성을 가진 사람들이 모여 있다. 거기서 나는 그림을 그렸다.

첫 누드 크로키 수업 시간. 가운을 걸친 모델이 들어온다. 모두 긴장하고 있다.

"에휴……."

잠시 후 남학생들의 한숨 소리가 들린다. 모델이 아줌마였던 까닭이다. 자리를 잡은 모델이 가운을 내린다.
또각또각. 스~윽 스~윽. 침묵을 깨우는 교수님의 발소리와 연필 소리만 들린다.
첫 누드 수업 시간은 그렇게 지나갔다.
"안병식은 그림은 안 그리고 모델만 바라보고 있던데."
동기 오 서방이 말했다.
"아니, 내가 언제?"
내 얼굴이 붉어졌다.
"그림을 잘 그리려면 세심한 관찰이 필요해!"
옆에서 또 다른 동기가 나를 거들었다.
동기들이 모여 담배를 피우며 모델이 아줌마라서 실망했다는 아쉬움과 불만을 주고 받았다. 사실 실망은 여학생들도 했을 것이다. TV에 나오는 어떤 모델처럼 멋진 남자가 아니라서.
뭔가 내 인생의 근사한 사건이 되리라 기대했던 첫 누드 수업은 그렇게 지나갔다. 이후 누드 수업은 알몸을 보는 사람에게나 보여주는 사람에게나 자연스러운 시간이 되어갔다. 나는 가끔 남자 모델을 그리기도 했다. 모델은 나였다. 모두가 집으로 돌아간 텅 빈 작업실에서 문을 잠그고 거울 앞에서 옷을 벗었다. 전신 자화상을 그리기 위해서다. '그래 몸매가 이 정도는 돼야지…….'
전신 자화상을 그린 일을 계기로 내 몸에 관심을 두게 되었다. 가장 좋은 모델인 내 육체를 잘 관리해야 한다는 책임감이 생겼다. 군살이 없게, 배가 나오지 않게, 반듯하게. 하지만 현실은 녹록지 않았다. 실기 수업은 보통 서너 시간 연속으로 이어진다. 간혹 한 시간 수업을 받고 강의실을 뛰쳐나와 학교 잔디밭에서 세 시간 동안 막걸리 파티를 열기도 한다. 그때 알았다. 낮에 술을 마시면 세상이 얼마나 행복하게 보이는지를.
도서관에 앉아 책을 보는 것보다 작업실에 앉아 김광석의 노래를 들으며 술잔을 기울이는 시간이 더 많아졌다. 밤에 밀린 과제나 작업을 한다는 핑계도 있었지만 그렇게 사람들과 어울리며 밤새 그림에 대해, 삶에 관해 이야기하는 청춘의 시간이 좋았다.
낡은 청바지에 물감을 묻혀가며 그림을 그리다 보면 낮과 밤이 바뀌기 일쑤였다. 불규칙한 생활은 자연스러운 일상이 되었다. 몸을 혹사했으나 그래도 학생이기에 누릴 수 있는 그 자유가 좋았다. 그렇게 열심히 놀고 방황하면서 삶을 배워가고 있었다. 그것은 도서관이나 강의실에 앉아 배울 수 있는 게 아니었다. 어딘가 있을 그 무엇을 위해, 나만의 꿈을 찾아 '어른'이 되어 가는 이십 대의 나날은 그렇게 이어졌다.
나는 체질적으로 술을 많이 마시지 못한다. 하지만 사람들과 어울리는 건 너무 좋아했다. 하루도 빼놓지 않고 100일 동안 술을 마신 적도 있었다. 청춘의 시간은 몹시 즐거웠으나, 불규칙한 생활과 밤낮없이 피우는 담배와 마셔대는 술은 나도 모르게 내 몸을 병들게 하고 있었다.

몸이 망가졌다, 달리기를 시작했다

어느 날 영화 <포레스트 검프>를 보았다. 주인공은 3년 넘게 미국을 달린다. 처음에는 집을 벗어나 '길이 끝날 때까지 가보겠다'라고 생각하며 달리다가, 마을을 벗어나 해변에 도착하면 '계속 달려보자' 결심하면서 돌아서서 다시 달린다. 특별한 이유나 목적도 없이 그저 달리고 싶다는 이유만으로 달린다. 그의 달리기는 많은 사람의 관심거리가 됐고 그를 따르는 사람들이 늘어난다. 그를 통해 희망을 품기도 하고 꿈을 이루기도 한다.
이 영화는 나에게 특별한 의미로 다가왔다. '뛰는 바보' 포레스트 검프의 모습이 오래도록 가슴에 남았다. 언젠가는 '영화 속 주인공처럼 달려봐야지' 생각했다. 이미 고백한 대로 밤낮이 바뀐 불규칙한 생활, 쉬지 않고 이어지는 음주와 흡연으로 내 몸은 이미 망가져 있었다. 그즈음 나는 조금씩 무기력과 권태의 늪으로 빠져들고 있었다. 그때 <포레스트 검프>를 봤다. 사실 나는 변화가 필요했다. 어쩌면 영화는

달리기는 방황하면서도 찾지 못했던 그 무엇을 찾게 해주었다. 자신감, 도전 의식, 건강, 집중력, 자존감, 혼자만의 시간, 나를 사랑하는 방법……. 달리기는 참 많은 것을 얻게 해주었다. 달리기는 내 삶의 '오아시스' 같은 존재였다.

너도 달려야 한다고, 그게 네 운명이고, 그래야 산다고 외치고 있었는지도 모른다.
달리기와의 인연은 그렇게 불현듯, 영화 한 편으로 시작되었다. 그때까지 나는 제대로 달려본 적이 없었다. 게다가 달려도 남들보다 늘 뒤처졌고, 몸도 허약했다. 중고등학교 때는 체육 시간에 하는 오래달리기를 너무나 싫어했다. 가슴이 터질 것처럼 숨이 차고 몸이 부서질 것 같은 고통을 느꼈다. 대체, 왜 우리가 오래 달려야 하는 거야? 이처럼 달리기에 대해 부정적이었던 내가 달리기를 시작한 것이다. 하지만 달리기는 쉽지 않았다. 운동장 한 바퀴만 뛰어도 숨이 차올라 고통스러웠다. 조금 무리해서 달리고 나면 다리가 후들거리고 다음 날까지 온몸이 쑤셨다. 내 몸은, 아니 내 정신은 달리기에 너무 나약했다.
'달려야겠다!' 다짐해도 하루를 뛰고 나면 일주일, 한 달이 넘도록 다시 뛸 엄두가 나지 않았다. 나의 다짐은 그렇게 계속 실패했다. 술과 담배에 찌들어 살던 나에게 달리기는 애초부터 무리였는지 모른다. 그래도 달리고 싶은 열망은 풍선처럼 부풀어 오르고 있었다.
그러던 어느 날이었다. 제주대학교에서 '5km 건강 달리기' 대회를 한다는 소식을 들었다. 나는 망설임 없이 참가를 결심했다. '한번 달려보고 싶다'라는 호기심으로 무작정 뛰던 내게 구체적인 목표가 생긴 것이다. 그땐 5km도 큰 도전이었다. 내겐 5km가 '마라톤' 같았다. 처음 참가하는 달리기 대회였다. 하루에 20분, 30분 매일 운동장을 뛰었다. 달리다 힘들면 그냥 걸었다. 그리고 다시 뛰고 다시 걷고……. 그러기를 보름. 대회가 시작되었다.
그땐 달리기가 대중화되기 전이라서 참가자는 많지 않았다. 50명 조금 넘는 참가자 중에 눈에 띄는 사람이 있었다. 키가 무척 큰 외국인이었다. 누구지? 호기심이 생겼다. 반환점에 이르지도 못했는데 그 외국인은 벌써 반환점을 돌아 1등으로 달리고 있었다. 헉헉! 땀과 콧물로 범벅이 된 몰골에 큰 숨소리를 내며 내 옆을 지나갔다. '포레스트 검프다!' 그 순간, 마치 영화를 보는 것 같았다. 그 친구가 시야에서 사라질 때까지 몇 번이고 뒤를 돌아보았다.

한 달이 조금 지났을까. 여느 때처럼 시내에서 친구들과 술을 마시다 밀린 과제 때문에 학교 작업실로 가는 막차를 탔다. 맨 뒷좌석에 그 외국인이 타고 있었다. 두 번째 만남이었지만 또렷하게 그 친구라는 것을 알 수 있었다. 일부러 그의 옆자리에 가서 앉았다.

"지난번 마라톤 대회 때 네가 달리는 걸 봤어."

"그래? 너도 그때 달렸어?"

"응. 너, 너무 멋있더라. (웃음) 괜찮다면 너와 함께 달리고 싶은데……."

처음 만나는 사람에게 어떻게 '같이 달리자'라는 말을 할 용기가 생겼는지 모르겠다. 그만큼 처음 보는 순간부터 난 이 친구에게 끌렸고 함께 달려보고 싶었다.

"그래! 좋아."

간단했다. 그는 아주 쉽게 같이 달리는 것을 허락해줬다. 그렇게 이 친구와의 인연이 시작됐다. 친구의 이름은 리처드 빈 켐프다. 고향은 미국 캘리포니아. 조정선수 출신이다. 서울의 한 대학에서 1년간 한국어 연수를 받고 지금은 제주대에 영어 강사로 와 있다고 했다.

며칠 후 우린 약속한 장소에서 만나 함께 운동했다. 하지만 나는 조정선수 출신인 리처드를 도저히 따라갈 수 없었다. 나중에 들은 얘기지만 그의 친구들은 올림픽에도 참가했다고 한다. 그는 나와 같이 출발해서 한참 앞서 달리다가 내 모습이 시야에서 사라지면 다시 내게로 달려왔다.

"괜찮아?"

헉헉! 괜찮을 리가 있나. 하지만 난 무조건 괜찮다고 말했다. 숨이 막힐 듯 심장이 뛰어도 대답은 항상 '괜찮아'였다. 멋진 그에게 나약한 모습을 보여주고 싶지 않았다. 처음에는 늘 그런 식이었다. 우린 약속을 하지 않아도 주말이면 언제나 운동장에 나왔다. 페이스는 맞지 않았지만 리처드의 배려로 함께 달렸다. 내가 어느 정도 달리기에 익숙해졌을 무렵 우린 학교를 벗어나 더 멀리, 새로운 곳을 찾아 달리기 시작했다. 운동이 끝나면 같이 밥을 먹고 종종 시내에서 늦게까지 맥주를 마셨다. 가

그즈음 나는 조금씩 무기력과 권태의 늪으로 빠져들고 있었다.
그때 <포레스트 검프>를 봤다. 사실 나는 변화가 필요했다. 어쩌면 영화는
너도 달려야 한다고, 그게 네 운명이고, 그래야 산다고 외치고 있었는지도 모른다.

끔 그가 집으로 초대해 주었다. 크리스마스에는 리처드의 친구들과 와인을 마시며 밤을 지새우기도 했다.

"리처드! 너는 왜 한국에 왔어?"

"나는 여러 나라를 여행했고, 한국은 그중 한 곳이야. 나는 아직 더 많은 나라에 가 보고 싶어."

"집이 그립지 않아?"

"그립지만 아직은 미국으로 돌아가고 싶지 않아."

그는 가끔 가족 이야기를 하고 고향을 그리워하면서도 '미국이라는 사회는 왠지 싫다'라고 말했다. 자신의 고향인 미국을 싫어하는 게 아니라 미국 사회의 모순된 사회구조가 싫다는 얘기였다. 리처드는 차와 한국 음식을 좋아하고 한국 문화에도 관심이 많았다. 외국인이라는 느낌이 들지 않을 만큼 우린 서로 통하는 면이 많았다. 1년여를 함께하는 동안 내 달리기 실력은 일취월장했다.

만남이 갑작스러웠던 것처럼 이별도 갑자기 찾아왔다. 4학년 여름방학이 끝나갈 무렵, 리처드는 인사 한마디 없이 갑자기 핀란드로 떠났다. 나중에 안 사실이지만, 리처드는 떠나기 전 나를 만나기 위해 학교 작업실에 몇 번 찾아왔다고 했다. 하지만 난 아르바이트를 하느라 학교에 없었고 지금처럼 이메일이나 휴대폰도 없는 상황이라 연락처도 주고받지 못한 채 헤어지고 말았다. 그 후 지금까지 우리는 전혀 소식을 알지 못한 채 지내고 있다. 리처드는 달리기뿐 아니라 삶의 많은 것을 느끼게 해 준 친구였다. 그를 만나지 않았다면 나는 계속 달리지 않았을 것 같다. 가끔 그와 달리던 추억을 떠올린다. '리처드! 난 지금도 네가 많이 보고 싶다! 너와 함께 다시 제

주의 자연을 달리고 싶어!'

달리기가 나에게 준 선물들

리처드는 떠났지만 나는 계속 달렸다. 운동장을 달리고, 도로 위를 달리고, 산을 달리고……. 5km, 10km, 그렇게 조금씩 뛰는 거리를 늘려갔다. 달리기로 하루를 시작했다. 주말이면 바람 따라, 구름 따라 새로운 곳을 찾아 나섰다. 비가 올 때는 비가 오는 대로, 눈이 오면 눈이 오는 대로 그냥 달렸다. 그 무렵 달리기를 통해 제주의 아름다움을 느끼기 시작했다. 그전에는 몰랐던 새로운 풍경이었다.
나는 달리기에 대한 어떤 지식도 가지고 있지 않았다. 어떻게 달려야 하는지, 얼마만큼 달려야 하는지, 아무것도 모른 채 달리고 싶은 만큼, 내 체력이 허락하는 만큼, 마음이 가는 대로 그냥 달렸다. 비록 혼자만의 달리기였지만 자연 앞에서 나는 혼자가 아니었다. 그래서 더 행복한 순간들이었다. 이듬해인 2000년, 제주에서 첫 마라톤 대회가 열렸다. 하프코스에 참가하기로 했다. 처음 참가하는 마라톤 대회가 쉬웠을 리는 없다. 그래도 완주에 성공했다. 다음 해에는 서울에서 열리는 마라톤 풀코스에 도전했다. 3시간 27분. 처음 도전하는 풀코스치고는 만족스러운 결과였다. 나에게 특별한 훈련은 없었다. 하루 1시간, 때로 2시간가량을 그냥 달렸을 뿐이다.

달리기를 시작하면서 삶의 변화가 찾아왔다. 가장 먼저 체중이 줄었다. 살이 빠지기 시작하자 마음이 가벼워졌다. 지루한 일상으로부터의 탈출이라는 설렘도 가질 수 있었다. 낮과 밤을 바꿔 살았던 생활 패턴도 제자리로 돌아왔다. 아침 일찍 일어나 운동을 하기 시작하면서 게을렀던 나는 조금 더 규칙적이고 부지런해졌다. 아침에 땀을 흘리고 나면 상쾌하게 하루를 시작할 수 있다는 것을 알았다. '그림은 밤에 그려야 한다'라는 생각도 바뀌기 시작했다. 새벽까지 작업할 때보다 일찍 자고 일찍 일어나 운동하고 그림을 그리면 집중력도 좋아졌다. 운동을 위해서는 술과 담배도 줄여야 했다. 담배를 끊고 술을 멀리하면서 사람들과 어울리는 시간보다 혼자 있는 시간이 많아졌다. 사람들과의 관계는 조금 멀어졌지만, 나에겐 달리기와 제주의 자연이라는 새로운 벗이 생겼다.

달리면서 명상을 하기도 하고 자연이 주는 고마움을 느끼기도 한다. 이른 아침 새벽 공기를 마시며 오늘 할 일에 대한 계획을 세우고, 달리면서 보고 느낀 것들을 그림의 소재로 삼기도 했다. 몸이 건강해지면서 새로운 자신감도 생겼다. 달리는 동안은 혼자였지만 나는 혼자만의 시간이 너무나도 좋았다. 달리기는 방황하면서도 찾지 못했던 그 무엇을 찾게 해주었다. 자신감, 도전 의식, 건강, 집중력, 자존감, 혼자만의 시간, 나를 사랑하는 방법……. 달리기는 참 많은 것을 얻게 해주었다. 달리기는 내 삶의 '오아시스' 같은 존재였다.

내 생애 가장 힘들었던 울트라 마라톤

그해 가을, 서울에서 100km 울트라 마라톤 대회가 열린다는 소식을 들었다.

"뭐? 100km를 달린다고? 그게 가능해?"

그랬다. 사람들은 모두 내가 달릴 수 없을 거라고 말했다. 하지만 그것은 5km를 달린다고 했을 때도 마찬가지였다.

"네가 달리기를 한다고? 내일은 해가 서쪽에서 뜨겠네!"

나는 도전해보고 싶었다.

마음이 가는 대로 달려보고 싶었다. 물론 마음만 들떴지, 쉬운 도전이 아니라는 것쯤은 알고 있었다. 100km 울트라 마라톤 대회는 우리나라에서 처음 열리는 대회였다. 어떻게 운동해야 할지, 얼마나 연습해야 할지 아무것도 알 수 없었다. 나의 첫 울트라 마라톤은 준비가 하나도 안 된 너무나도 '무모한' 도전이었다. 하지만 모든 게 완벽해질 때까지 기다리다 기회를 놓칠 수는 없었다. 가끔은 이런 무모함이 새로운 성취를 안겨주기도 한다. 사람들의 걱정을 뒤로하고 울트라 마라톤에 참가했다. 매일 아침 뛰던 것처럼 레이스를 시작했다. 20km, 30km, 40km…….

"괜찮아요?"

옆에서 달리던 아저씨가 인사를 건넸다.

"네, 아직까진."

"오버하지 말아요. 아직 갈 길이 멀어요."

평소 연습하던 대로 잘 달리고 있었다. 조금씩 지쳐가긴 했지만.

60km까지는 예상했던 시간대에 도착했다. 100km 제한 시간은 14시간. 이렇게만 달리면 10시간 안에도 충분히 들어갈 수 있을 것 같았다. 하지만 딱 거기까지였다. 체력이 급격하게 떨어졌다. 80km를 넘으면서 난 완전히 주저앉아 버렸다. 더 달릴 수 없는 건 물론이고 걷는 것조차 힘들었다. 한 걸음 한 걸음, 쇠 구슬 차고 걷는 것처럼 발걸음이 천근만근이었다. 얼마를 걸었는지, 얼마를 더 가야 하는지, 뿌연 안갯속을 헤매고 있는 것처럼 정신이 없었다. 내가 왜 이런 무모한 도전을 했을까? 후회가 밀려왔다. 도전 따위는 모두 내팽개치고 싶었다. 그냥 포기하고 길 위에 벌렁 드러눕고 싶었다. 단 하나, 여태껏 달린 시간과 노력이 아까워 고집스럽게 죽기 아니면 까무러치기로 겨우 발걸음을 옮겼다. 터~벅 터~벅. 12시간이 다 되어서야 나는 결승점에 도착했다.

내 생에 '가장' 힘들었던 마라톤이 그렇게 끝났다. 대회를 위해 훈련을 늘렸지만 50km가 넘는 장거리를 달려보진 않았다. 그게 실수였다. 100km를 완주하기 위해서는 그보다 더 먼 거리를 달려야 하고, 훨씬 많은 연습을 해야 한다는 것을 대회가 끝난 후 겨우 체감했다. 그때 무릎을 다쳐 2개월이 넘게 운동을 하지 못했다. 그런데도 나는 계속 더 멀리, 더 오래 달리고 싶다고 생각하고 있었다. 출산의 고통을 잊고 둘째를 갖는 엄마의 마음이 나와 같을까?

다시, 가슴이 뛰기 시작했다

새로운 것에 도전하고 싶은 욕심으로 제주에서 처음 열리는 철인 3종 경기에 도전했다. 철인 3종 경기엔 수영 1.5km, 사이클 40km, 마라톤 10km를 달리는 올림픽 코스가 있고, 수영 3.8km, 사이클 180km, 마라톤 42km를 달리는 아이언맨 코스가 있다. 처음이니까 조금 쉬운 올림픽 코스 신청서를 제출했다. 비교적 쉽다고는 해도, 자전거는 어릴 때 놀듯 탄 게 전부였고, 수영은 전혀 할 줄 모르는 상태였다. 대회까지 남은 시간은 약 한 달. 연습 시간이 턱없이 부족했다. 게다가 내겐 도로용 로드 자전거가 없었다. 아쉬운 대로 MTB 자전거를 타면 될 것 같은데 수영은 또 어쩌나? 게다가 바다 수영인데.

동네 수영장으로 갔다. 아저씨 아줌마들이 마치 물개가 헤엄치는 것처럼 물살에 몸을 맡기며 유유히 헤엄치고 있었다. 그 모습이 마냥 부러웠다. 난 어릴 적 동네 친구들과 물에서 논 게 전부다. 몸이 기억하고 있는지 다행히 물 위에 뜰 수는 있었다. 오늘은 25m, 내일은 50m, 또 다음날은 100m. 이렇게 짧은 기간 동안 매일 거리를 늘려갔다. 1,000m 넘게 갈 수 있겠다 싶을 무렵, 대회가 코앞에 다가와 있었다.

대회가 열린 날은 다행히 파도가 그리 높지 않았다. 하지만 난 바다 수영의 요령을 전혀 몰랐다. 숨을 쉬려고 고개를 내밀 때마다 파도가 내 얼굴을 내리쳐 바닷물을 한 움큼씩 삼켰다. 육지와 멀어질수록 공포심이 커졌다. 어설픈 팔 동작과 흐느적거리는 발차기. 바닷속은 고요하고 물고기들은 평화롭게 수영을 하고 있지만 나는 물 위에서 허우적거리며 파도와 전쟁을 치르고 있었다. 동서남북 방향 감각이 없었다. 어디서 백상아리가 나타나 내 다리를 뜯어먹을 것 같은 두려움과 공포가 엄습했다. 짜디짠 소금물이 뱃속을 가득 채울 무렵 겨우 수영을 마칠 수 있었다. 내 뒤로는 아무도 없었다. 제한 시간을 넘기지 않은 게 다행이었다.

이어지는 사이클 40km. 모두 몇백만 원짜리 사이클을 타고 모터를 단 것처럼 쌩쌩 달리는데 나는 낡은 MTB 자전거를 타고 거북이처럼 엉금엉금 달렸다. 사이클을 마치고 나니 발목에 모래주머니를 달아놓은 것처럼 다리가 굳어 있었다. 수영과 자전거로 체력을 모두 소진해 버린 후라 나에겐 달릴 힘이 남아 있지 않았다. 걷다가 뛰기를 반복했다. 경쟁심도 없었다. 오직 나와의 싸움이었고 나 혼자만의 달리기였다. 그렇게 제한 시간이 거의 다 될 무렵 무사히 올림픽 코스를 완주했다!

아이언맨 대회는 철인 3종 경기를 하는 사람들에겐 꿈의 대회다. 이듬해인 2003년 나는 아이언맨 대회를 완주했다. 이제 자신감이 붙었다. 더 어렵고 새로운 코스를 시도해보고 싶은 도전정신이 우후죽순처럼 무럭무럭 자랐다. 하지만 모든 게 뜻대로 되지 않았다. 무릎 부상으로 한동안 운동을 할 수 없었다. 달리는 법을 제대로 배우지 않고 도전하다 보니 다치는 일이 많이 생겼다. 바쁘다는 것도 핑계가 되었다. 어쩌면 달리기가 지겨워졌던 건지도 모르겠다. 하나둘 핑계가 늘어났다. '이렇게 혼자 매일 달리는 게 뭐가 좋아? 지루해…….' 더는 달리기의 매력을 찾을 수 없었다. 1년 넘게 달리기를 쉬었다. 시간이 흐르면서 달려야 한다는 뚜렷한 목표도, 꿈도 마음속에서 사라지기 시작했다. 달리기라는 단어가 머릿속에서 지워져 갈 무렵 신문에서 우연히 사막 마라톤 기사를 보았다. '에이, 이것도 결국 달리기지 뭐.' 신문을 방 한구석에 밀쳐 놓았다. 그런데 이상했다. 며칠이 지났는데도 자꾸 사막 마라톤 기사 생각이 났다. '그래도 이건 아냐.' 나는 신문을 집 밖 폐지 더미에 던져버렸다. 그런데 또 이상했다. 태양이 내리쬐는 모래언덕을 달리고, 사막에서 며칠씩 잠을 자며 반복하는 대회. 머릿속에서 사막을 달리는 내 모습이 떠올랐다. 잠자고 있던 꿈이 다시 깨어나는 느낌이었다. 사막으로 낯선 여행을 떠나고 싶었다. 콩닥콩닥. 가슴이 두근거리기 시작했다. 다시, 내가 살아있음을 느꼈다.

내가 사막을 달릴 수 있을까? 사막에서 길을 잃으면 어쩌지? 대회 경비는 어떻게 마련하지? 그래도 참 멋질 거야? 사막에 대한 막연한 두려움과 망설임, 호기심과 설렘이 동시에 솟구쳤다. 이 모든 어려움을 극복하고 내 평생 꼭 한번 사막에 가보고 싶었다. '그래, 도전하자. 나를 넘어서자. 무조건 가자. 사하라 사막으로!' 온갖 잡념 가운데서 달리고 싶다는 열망이 오롯이 떠올랐다.

멈췄던 나의 도전이, 나의 달리기가 다시 시작되고 있었다.

내가 사막을 달릴 수 있을까? 사막에서 길을 잃으면 어쩌지?
대회 경비는 어떻게 마련하지? 그래도 참 멋질 거야? 사막에 대한
막연한 두려움과 망설임, 호기심과 설렘이 동시에 솟구쳤다.

STAGE 2

사막마라톤 그랜드슬램

일단 가자, 사하라로!

이집트 사하라사막 마라톤 250km

SAHARA DESERT

두려움보다 설렘이 더 컸던 내 생애 첫 번째 사하라사막 마라톤. 10kg의 배낭 무게를 견디지 못해 어깨는 상처투성이였다. 결국, 나는 발톱 세 개를 잃었다. 하지만 사하라는 내게 특별한 '선물'이었다.

겁도 없이 카이로행 비행기를 탔다

사막으로 가야겠다는 마음은 굳혔지만, 무엇부터 어떻게 시작해야 할지 알 수 없었다. 참가 신청 마감은 다가오는데 쉽게 용기가 나지 않았다. 그렇다고 고민만 해서 해결될 일은 아니었다. '지르는' 용기기 필요했다. 참가 신청 마지막 날 용기를 내서 서류를 작성하고 참가비 2,700달러를 입금했다.

대회까지 남은 시간은 3개월. 그렇게 덜컥 저지르고 나니 오히려 걱정이 사라졌다. 당장 사막을 가기 위한 준비를 시작해야 한다는 생각뿐이었다. 하지만 사막이라는 환경에서 달려보지 않았고 이렇다 할 정보도 없었기 때문에 어떻게 운동해야 할지, 무엇부터 준비해야 할지 모든 게 막막했다. 지금처럼 페이스북이나 유튜브도 없었다. 나는 학교를 졸업하고 미술학원에서 학생들을 가르치고 있었다. 다행히 오후에 출근하는 직업이었기 때문에 오전에는 운동할 시간이 충분했다.

나는 다시 달리기를 시작했다. 1년이란 공백은 길게 느껴졌다. 몸을 다시 만들어가는 과정이 생각보다 힘들었다. 3개월은 사막 마라톤을 준비하기에 턱없이 부족한 시간이었다. 매일, 시간이 촉박하다고 느끼며 달리기에 매달렸다.

드디어 출국하는 날. 아침부터 추적추적 비가 내렸다. 마지막 연습을 하러 한라산으로 향했다. 시원한 빗줄기에 샤워하는 듯 묘하게 기분이 좋았다. '이제 사하라사막에 가면 뜨거운 태양 아래서 달려야 하는데……. 사하라에서는 지금 내 몸에 스며드는 빗방울처럼 땀이 흐르겠지. 어떤 기분일까? 사우나에서 뛰는 기분일까?' 상상하려 해도 도무지 감이 잡히지 않았다. 그렇게 비를 맞으며 이런저런 생각을 하다 보니 1시간 30분이 순식간에 흘러갔다.

어느새 비행기 시간이 다가왔다. 제주공항에서 저녁 비행기를 타고 인천공항까지 간 뒤, 자정에 출발하는 카이로행 비행기를 타기로 했다. 저녁 9시 인천공항. 사하라사막 레이스에 참가하는 사람들이 하나둘 모이기 시작했다. 이번 대회에는 10명이 넘는 한국인이 참가한다. 경험이 있는 사람도 있지만, 대부분 사막 마라톤 대회에는 처음 참가하는 사람들이었다. 직업, 나이는 모두 달랐지만 하나같이 상기된 표정이었다. 그들을 보면서 나를 보는 기분이 들어 동질감과 안도감을 느꼈다. 덕분에 가슴을 메우고 있던 두려움을 잠시 접어둘 수 있었다.
드디어 0시 30분. 이집트행 비행기가 인천공항에서 점점 멀어져갔다. 나는 비행기 타는 걸 별로 좋아하지 않는다. 게다가 제주와 서울을 오가는 한 시간 남짓만 타본 터라 장시간 비행이 많이 걱정되었다. 그러면서도 처음 맛볼 기내식에 대한 기대감은 풍선처럼 꽉 차 있었다. 이마에 써놓지 않았을 뿐 제주 촌놈의 첫 번째 해외여행은 그렇게 어설프게 시작되고 있었다.
두바이를 거쳐 이집트 카이로 공항에 도착했다. '아시아의 허브 공항'으로 불리는 두바이 공항이 화려함의 절정이라면 카이로 공항은 어느 시골의 낡은 기차역처럼 소박하게 느껴졌다. 버스를 타고 호텔로 향했다. 이틀 후면 나는 사하라사막에 있을 것이다. 곧 사막을 달란다는 게 이제야 실감이 나기 시작했다.
거리의 건물이 하나같이 낡았다. 게다가 뿌연 먼지를 뒤집어쓰고 있다. 도시 전체가 회색이다. 신호등이 거의 없는 도로엔 사람과 자동차가 무질서하게 엉켜 있다. 피라미드와 파라오의 나라 관문인데 어찌 이리도 칙칙할까. 카이로의 무질서만큼이나 내 머릿속도 복잡하다.

내 평생 처음으로 해외에서 아침을 맞았다. 아침 식사를 마치자 물품 검사를 시작했다. 사막 마라톤은 서바이벌 대회다. 물과 텐트를 제외한 모든 음식과 장비를 직접 배낭에 짊어지고 250km를 달려야 한다. 주최 측은 참가자들의 안전을 위해 대회 시작 전에 배낭을 검사한다. 필수품목으로 지정한 음식이라든가 침낭, 옷 등 일주일간 사막에서 지내는데 필요한 장비들을 잘 챙겼는지 검사하는 것이다. 필수품목이 하나라도 배낭에 없으면 물품 검사를 통과하지 못하고 그렇게 되면 레이스에도 참가할 수 없다. 나는 무사히 배낭 검사를 통과했다. 사하라사막으로 가기 위해 버스에 탔다.

사하라사막은 아프리카 대륙 북부에 있다. 860만 제곱킬로미터. 남한 면적의 약 20배에 달하는 세계 최대 사막이다. 여름에는 한낮 기온이 섭씨 50도를 훌쩍 넘어간다. 광활한 스텝 지대 나무가 자라지 않는 건조한 초원 지대와 접해 있어서 사막 중에서도 가장 덥고 건조하기로 유명하다. 바람이 불면 뜨거운 모래가 폭풍처럼 일어나 얼굴을 때린다. 동서 5,600km, 남북 1,700km. 사막 중의 사막, 사막의 왕이 바로 사하라사막이다. 이 사막을 달리겠다고 여기까지 온 것이다. '모래폭풍을 뚫고 붉은 태양이 내리쬐는 황량한 사막을 달리며 자신의 한계에 도전하겠다.'라고 거창하게 명분을 내세웠지만, 사실 나를 포함한 모든 참가자는 제정신이 아닌 게 분명하다.

악조건 속에서도 사람들 표정에서 결의가 엿보인다. 환경이 열악할수록, 도전이 어려울수록 아드레날린이 솟구치는 이상한 사람들이 가득 모여 있다. 그들에게 사하라사막 마라톤은 최고의 도전 대상이다. <신밧드의 모험>에 나오는 오아시스, 진귀한 물건을 가득 싣고 낙타를 타고 가는 상인들, <알리바바와 40인의 도적>이 호시탐탐 노리는 숨겨진 보물들……. 이 모든 것을 끌어안고 있는 사막. 그 사막을 달린다는 환상도 저마다 가슴에 품고 있을 터였다.

도시를 벗어나자 나일강을 따라 형성된 농지가 보였다. 사막이 많은 이집트에서는 대부분 나일강을 따라 마을이 형성되어 있다. 농사도 나일강 주변에서 짓는다. 얼마나 달렸을까. 버스는 사막을 달리기 시작했다. 정말 끝없이 사막이 펼쳐졌다. 사하라는 가끔 아름다운 풍경도 보여주지만, 대부분 풀 한 포기, 나무 한 그루 구경할 수 없는 메마른 땅, 말 그대로 허허벌판이었다. 모래와 바람, 태양 말고는 아무것도 없었다. 삭막함과 쓸쓸함 그 자체였다.

가끔 작은 마을들이 나타났다. 낯선 이방인들이 신기했는지 아이들이 손을 흔들어 주었다. 버스를 타고 가는 도중 짧은 휴식 시간을 두 번 주었다. 버스에서 내려 사막을 걸어보았다. 걱정했던 것보다 덥지 않다. 바람이 불어 오히려 시원하게 느껴졌다.

"이게 뭐야? 가을 날씨 같은데?"
오후 늦은 시간이었지만 모두 안도의 한숨을 내쉬었다. 밤 8시가 다 되어 첫 번째 숙박지에 도착했다. 날은 이미 어두워졌다. 주최 측에서 준비한 마지막 음식주최 측은 과일, 고기, 빵을 제공했다. 대회가 시작되면 스스로 가지고 간 음식으로 일주일을 견뎌야 한다.으로 저녁을 먹었다. 사막은 고요했다. 밤 9시가 넘었지만 그리 춥지 않았다. 사실 춥고 덥고를 분별할 수 있을 만큼 정신이 안정적인 상태는 아니었다. 나는 흥분해 있었고, 세상을 모두 가진 사람처럼 충만한 기쁨에 차 있었다.
텐트 안이 웅성거렸다. 주최 측은 사막 위에 여러 개 텐트를 친다. 한 개의 텐트에 참가자 십여 명씩 들어가 침낭을 덮고 잠을 잔다. 대회가 내일인데 별로 긴장되지 않는다. 나는 그저 날이 밝기만을 조용히 기다렸다. 빨리 사하라를 달리고 싶었다. 맘껏 사하라를 즐기고 싶었다. 우리만 시끄러울 뿐 사막은 고요했다. 하늘에선 수많은 별이 반짝반짝, 우리를 축복해주고 있었다.

사하라에서 정신을 잃다

Stage 1. 32km

새벽 5시가 조금 넘어 잠에서 깼다. 화장실텐트 뒤쪽으로 멀리 가서 모래를 파고 일을 끝낸 후 모래를 덮어 버리면 끝난다. 그게 화장실이다.에 다녀오고 아침 먹을 준비를 하다 보니 서서히 날이 밝기 시작했다. 주최 측은 아침저녁으로 뜨거운 물을 제공한다. 라면에 물을 붓고 가지고 간 햇반 그리고 참치 통조림으로 아침 식사를 해결했다.
"저게 누구야?"
"창 아저씨 같은데"
멀리서 창 아저씨같이 참가한 창용찬 선생님을 우린 이렇게 불렀다. 창 선생님은 1981년 미스터코리아 출신이다. 50세가 넘었지만 나이가 믿기지 않을 만큼 몸도 좋고 젊은 사람들에게 체력도 뒤지지 않는다.는 큰일을 처리하고 계셨다. 해가 떠오르는 쪽이라 어렴풋이 실루엣만 보였지만 창 아저씨라는 건 확실하게 알 수 있었다.

"하하하."

모두 웃음을 터트렸다. 처음에는 이런 풍경이 부끄럽고 어색했지만, 하루 이틀 지나자 자연스러운 일상이 되어갔다.

사막 마라톤 대회에서는 전날 사막에 깃발을 꽂아 코스를 만든다. 주최 측은 매일 그날의 코스에 대해 브리핑을 해준다. 일부 참가자는 코스를 이탈해 길을 잃어버리기도 한다. 하지만 많은 스태프와 자원봉사자들이 있기에 크게 위험하지는 않다.

아침 8시 50분에 브리핑이 끝났다. 이번엔 이집트 현지인들이 춤을 추고 악기를 연주하며 흥을 돋워주었다. 분위기가 점점 고조되고 있었다. 첫날은 32km를 달린다. 출발 시각이 다 되어 간다. 약간 긴장되었지만 컨디션은 좋았다. 날도 그렇게 덥지 않다. 조짐이 좋다.

마침내, 출발 신호가 울렸다. 드디어 사하라에 첫발을 내디뎠다. 첫 번째 체크포인트CP까진 10.5km이다. 사막 레이스에서는 10~15km마다 천막을 친 체크포인트가 있다. 이곳에서 물을 나누어 준다. 다친 사람을 대비해 의료진도 배치한다. 나무 한 그루 없는 사막에서 뜨거운 태양을 피해 몸을 숨길 수 있는 유일한 곳이다. 선두그룹은 순위 경쟁 때문에 체크포인트에서 쉬지 않고 계속 달린다. 하지만 순위에 얽매이지 않고 레이스를 즐기는 사람들에게는 휴식할 수 있는 오아시스 같은 곳이다.

출발은 좋았다. 한 시간 조금 더 달려 CP1에 도착했다. 10kg이 넘는 배낭 무게와 모래언덕을 생각하면 1시간 안에 달리는 건 무리였다. 물 2병을 챙기고 다시 다음 체크포인트를 향해 달렸다. 각 체크포인트에서는 물 1.5리터를 가져갈 수 있다. 주최 측에서 선수들에게 하루 지급하는 물의 양은 9리터다. 9리터로 마시고 세수하는 일을 모두 해결해야 한다. 물이 부족한 사막 레이스에서는 일주일 내내 씻지 않는 사람도 있지만 대부분 아침저녁으로 고양이 세수를 하거나 물티슈로 땀과 먼지를 닦는다.

푸르다 못해 시퍼런 하늘과 노란 사막이 만나는 이글거리는 지평선이 보였다. 정말 미치도록 행복했다. 소리라도 지르고 싶었다. '사막아! 내가 네 안으로 들어왔다! 네 모습을 계속 보여다오.'

얼마나 뛰었을까. 어깨가 아프기 시작했다. 11시가 넘으면서 날도 더워지기 시작했다. 몸은 이미 지쳐있었고 어깨 통증이 더 심해졌다. 한낮 더위도 상상 이상이었다. 체력이 이미 바닥이 난 상태라 물을 마시면서 잠시 쉬려고 작은 바위에 걸터앉았다.

머리가 어지러웠다. 예감이 좋지 않았다. '내가 왜 이러지?' 은근히 걱정되었다. 물을 마시고 일어나는 순간 나는 쓰러지고 말았다. 이런 경험은 처음이었다. 정신을 잃지 않으려고 애썼지만 마음을 가다듬을 수 없었다. 머리가 핑핑 돌고 빈혈이 사라지지 않았다. 어디에서 나타났는지 대회 차량이 다가왔다.주최 측에서는 선수들의 안전을 위해 수시로 코스를 순회한다.

"당신 괜찮아요?"

"아니요. 몸이 이상해요."

"달릴 수 있겠어요?"

"아직 모르겠어요. 지금은 좀 쉬어야 할 것 같아요."

그렇게 몇 분을 쉬고 나자 현기증이 좀 가셨다. 정신을 가다듬고 일어났는데 어느 쪽으로 가야 할지 갈피를 잡을 수 없었다. 방향 감각을 완전히 잃어버렸다. 사람들도 보이지 않았고, 코스를 표시해 놓은 작은 깃발도 보이지 않았다. 뜨거운 태양만이 내리쬐고 있었다. 어지러움이 사라지지 않아 몇 분을 그렇게 멍하니 서 있었다. 아주 멀리서 사람들이 보였다. 20~30m를 걸었는데 느낌이 이상했다. 내 뒤에서 달리던 사람들이었다. 나는 달려온 길을 거꾸로 가고 있었다. 정말 제정신이 아니었다. 몸속의 나침반이 고장 난 것이다. 무섭기보다 어이가 없었다. 정말 내가 '사막에서 뛰고 있구나!'라는 생각이 퍼뜩 들었다. 그래. 이 정도는 돼야 사막 마라톤이지! 나는 다시 걷기 시작했다. 약 5km 남은 거 같았다. 사람들이 하나둘 나를 추월하기

시작했다. 남은 거리가 멀게만 느껴졌다. 물을 전부 마셔버려 목이 너무 말랐다. 어깨를 파고드는 배낭의 무게와 폭염이 나를 더욱 힘들게 했다. 지열 때문에 계속 숨이 막혔다. 공기가 부족하게 느껴졌다. 그렇게 한참 걷다 보니 저 멀리 텐트가 보이기 시작했다. 겨우 도착했지만 이미 몸은 만신창이가 되어 있었다.
빈혈이 사라지지 않았다. 천막으로 가 누웠다. 1시간이 조금 지났을까. 몸은 조금씩 나아졌지만, 정신은 아직 멍한 상태였다. 배가 고파 음식을 조금 먹었는데 모두 토해내고 말았다. 결국, 나는 메디컬 텐트로 향했다. 이미 여러 사람이 비슷한 증세로 누워 있었다. 약을 먹고 나서야 몸이 나아지는 것을 느낄 수 있었다.
오늘 기온을 물어보니 낮에 52도까지 올라갔다고 했다. 40도가 넘었을 거라고는 예상했지만 그렇게까지 많이 올라갔으리라곤 상상도 하지 못했다. 어제와는 완전히 다른 사막이었다. '아, 사막이라는 데가 이런 곳이구나.' 모래 위를 맨발로 걸어봤다. 얼마나 뜨거운지 몇 미터도 갈 수 없었다.
첫날은 배낭 무게와 더위에 적응하지 못해 힘든 하루를 보냈다. 사막은 도로 위를 달리는 것과 너무 달랐다. 사막의 태양이 이렇게 뜨거운지 처음 알았다. 나뿐 아니라 참가자들 모두 완전히 지쳐있었다. 한국 팀에선 첫날부터 3명이 포기하고 말았다. 처음부터 모두에게 힘든 하루였다. '내일은 제발 몸이 회복되어야 하는데…….'

5km를 남겨 놓고 체력이 방전됐다

Stage 2. 42.2km

어제 날씨가 너무 뜨거워 오늘은 주최 측에서 출발시간을 조금 당기기로 했다. 오늘 뛰는 거리는 42.2km. 마라톤 풀코스 거리지만 여기는 도로가 아닌 사막이다. 몸은 밤사이 많이 회복되었다. 그런대로 뛸 만한 컨디션이었다.
이른 아침이라 서늘한 날씨가 이어졌다. CP2까지는 평지와 내리막이 많아 달리기 편했다. 달리는 내내 기분이 좋았다. 해가 떠오르는 사막의 풍경이 너무나도 아빈혈이 사라지지 않는다. 천막으로 가 누웠다. 1시간이 조금 지났을까. 몸은 조금씩 나아졌지만, 정신은 아직 멍한 상태였다. 배가 고파 음식을 조금 먹었는데 모두 토해내고 말았다. 결국, 나는 메디컬 텐트로 향했다.

름다웠다. 하지만 30km를 넘으면서 몸이 지쳐가기 시작했다. 나는 다시 뒤처졌다. 남들과 같이 가다 뒤처질 때는 심리적으로 더 힘들어진다. 하지만 남들보다 앞설 때도 있고 뒤처지기도 하는 게 달리기 아닌가. 우리의 인생처럼 말이다. 이렇게 스스로 위로하려고 했지만 뒤처지는 안타까움과 절망감이 머릿속에서 쉬이 사라지지 않았다.

체력이 많이 소모된 상태인데다 발이 모래 속으로 계속 빠지는 바람에 뛸 수 없었다. 뛰다가 걷기를 반복했다. 5km를 남겨 놓고 체력이 방전됐다. 다시 걷기 시작했다. 오늘도 역시 물이 부족했다. 체크포인트에서 물을 적게 챙겨온 것도 문제였지만 날씨가 너무 더워 물을 생각보다 많이 마셨다. 체크포인트에서 나눠주는 물은 뜨겁다. 그래도 그 뜨거운 물 한 모금이 너무나도 그리웠다. 사막은 가도 가도 끝이 없다.

Stage 3. 32.1km

오늘 코스는 화이트 데저트White Desert, 사막의 남극이라 불리는 곳이다. 사막 한가운데 빙산처럼 하얀 돌기둥이 펼쳐져 있어 남극의 빙하를 연상시켰다. 사막 한가운데에 마치 조각 작품처럼 솟아 있는 돌기둥은 오랜 기간 바람의 침식과 풍화작용으로 생겨난 것이다. 색깔이 하얀 돌기둥들은 얼음 조각처럼 곱고 제각기 아름다운 형상을 하고 있다. 아무것도 없을 것 같은 모래벌판에 거대한 조각 작품처럼 우뚝 서 있는 형상이 신비롭게 느껴졌다.

CP2를 지나 한참을 달리자 마치 모래 산맥처럼 보이는 큰 언덕이 멀리 눈에 들어왔다. 대회 코스를 표시하는 빨간 깃발들이 모래언덕 쪽으로 향해 있었다. 저 모래언덕을 넘어야 한다는 사실이 끔찍하게 느껴졌다. 하지만 고통의 순간을 즐기는 게 달리기의 즐거움 중 하나가 아니던가. 어차피 육체적인 고통은 순간일 뿐이다. 섭씨 50도가 넘는 무더위와 함께 모래언덕을 오르는 것이 가장 힘들었다. 경사가 심한 모래언덕을 엉금엉금 기어올랐다. 발이 모래 속에 빠지고 한 발 내디디면 발이 다시 미끄러져 여간 곤혹스럽지 않았다. 게이터모래가 신발에 들어가지 않도록 붙인 천로 모래가 들어가지 않도록 신발을 감싸지만, 레이스가 끝나면 신발 속은 모래로 가득했다. 오직 모래사막 레이스에서만 경험할 수 있는 일이었다.

Stage 4. 40.5km

새벽 4시. 밤새 바람이 얼마나 불었는지 도저히 잠을 잘 수 없었다. 텐트 안까지 뿌옇게 먼지가 흘러들어왔다. 얼굴에도 모래 먼지가 쌓여있었고 숨을 쉴 때마다 모래 먼지가 코와 입으로 들어왔다. 텐트는 금방이라도 날아갈 것처럼 펄럭이고 있었다. 아무리 고정하려 해도 소용이 없었다. 밖에 나와보니 옆 텐트가 쓰러져 있는데도 그 속에서 자는 사람이 보였다. 얼마나 피곤하고 지쳤으면 그 바람에도 잠을 잘까? 갑자기, 그가 안쓰러웠다.

날이 갈수록 날씨가 계속 더워지고 있었다. 더위를 피해 오늘은 어제보다 이른 6시 30분에 출발했다. 이른 아침이라 밥도 먹지 못했다. 피로가 쌓이다 보니 몸 상태가 안 좋아 초반에는 너무 힘들었다. 5km를 지나면서 몸이 겨우 풀렸지만, 처음부터 오르막이 많아 금세 지쳤다.

절반쯤 달렸을까? 배가 무척 고팠다. 체력도 고갈된 상태였다. 걷다가 뛰기를 반복하여 탈진 직전에 겨우 골인했다. 발가락에 물집이 생기고 발톱이 조금씩 아프기 시작했다. 쉬었는데도 체력이 쉽게 회복되지 않았다.

배는 고픈데 아무것도 먹고 싶지 않았다. 억지로라도 뭐든 먹어야 했지만 의욕이 없었다. 오후가 되어서야 누룽지사막에서는 배낭 무게를 줄이기 위해 대부분 건조 음식을 준비

오늘 코스는 화이트 디저트White Desert, 사막의 남극이라 불리는 곳이다. 사막 한가운데 빙산처럼 하얀 돌기둥이 펼쳐져 있어 남극의 빙하를 연상시켰다. 아무것도 없을 것 같은 모래벌판에 거대한 조각 작품처럼 우뚝 서 있는 형상이 신비롭게 느껴졌다.

한다.를 물에 불려 먹었다. 아직 누룽지가 딱딱했다. 구역질이 나는 걸 참고 억지로 입속에 꾸꾸 집어넣었다. 체력 회복을 위해서는 이 방법밖에 없었다. 세상에서 가장 맛없는 음식이었다.

이렇게 또 하루가 지나갔다. 다행히 밤에는 별로 춥지 않았다. 바람도 불지 않았다.

멀리 선두 그룹이 보였다

Stage 5. 80km

새벽 4시경 사람들이 일어나는 기척을 들었다. 오늘은 롱데이다. 무려 80km를 달려야 한다. 아무리 생각해도 이건 미친 짓이다. 하지만 어쩌겠는가? 내가 선택해서 여기까지 왔으니 탓할 대상도 없다. 포기하고 싶은 마음이 약해진 틈을 비집고 자꾸 올라온다.

사막 마라톤은 일주일 동안 250km를 달리는 대회다. 매일 평균 30~40km를 달리지만, 그중 하루는 80~100km를 달리는 롱데이 코스를 반드시 포함해야 한다. 같은 대회라도 지형과 날씨에 따라 매해 거리는 조금 바뀔 수 있다. 대회 3, 4일이 지나면 사막 환경에 조금 익숙해진다. 하지만 10kg의 배낭을 메고 매일 40km 안팎을 달린 까닭에 몸은 이미 말이 아니었다. 롱데이에 대한 부담이 저벅저벅 가슴을 조여온다.

두어 시간을 더 자고 새벽 6시 무렵 일어났다. 화장실에 다녀온 뒤 알파미일본 건조쌀에 뜨거운 물을 부었다. 쌀이 익기를 기다리는 동안 텐트 밖으로 나왔다. 스트레칭하려는데 뚝뚝 코피가 떨어졌다. 화장지로 막았지만 쉽게 멈춰지지 않는다. 이래저래 오늘은 조짐이 좋지 않다.

아침을 대충 때우고 나자 출발시간이 다 되었다. 발가락이 아프다. 오늘은 처음부터 선두그룹을 따라가지 않기로 했다. 그동안 여유롭게 뛰지 못했다. 오늘은 천천히 사막을 즐기면서 뛰겠다는 생각으로 맨 뒤로 가 출발 신호를 기다렸다. 벌써 태

얼마를 달렸을까. 멀리 마을이 보였다. 날씨는 정말 더웠다. CP5에 도착하니
벌써 선두그룹이 쉬고 있었다. 내가 다섯 번째 도착한 선수라고 했다.
처음 참가한 사막 마라톤인데 이 정도면 만족스러운 결과였다.

양이 뜨겁다. 오늘 레이스는 정말 힘들 거라고 태양이 경고를 보낸다.

출발 신호가 울리고 얼마 지나지 않아 선두그룹이 시야에서 사라졌다. 나는 신경 쓰지 않고 천천히 달려 CP1에 도착했다. 대회 주최 측에서 특별히 콜라를 나누어 주었다. '사막 한가운데서 콜라를 마시다니!' 콜라를 별로 좋아하지 않았지만 오늘만은 예외였다. 콜라 하나를 단숨에 마시고 자리에 앉아 양말을 벗었다. 발가락이 무척 아팠다. 발톱 몇 개가 시커멓게 멍이 들어 있었다. 이대로 뛸 수 있을까? 걱정스러운 마음을 지그시 누르며 자리에서 일어났다.

얼마를 달렸을까. 멀리 마을이 보였다. 날씨는 정말 더웠다. CP5에 도착하니 벌써 선두그룹이 쉬고 있었다. 내가 다섯 번째 도착한 선수라고 했다. 처음 참가한 사막 마라톤인데 이 정도면 만족스러운 결과였다. CP5에서는 참가자 모두 의무적으로 45분씩 쉬게 되어 있다. 현지인들이 마련해준 대추야자 열매와 이집트 전통차 쉘아로사약용 나무껍질로 만든다. 주전자로 끓인 다음 설탕을 넣어 마신다.를 마셨다. 특별한 향은 없었지만 쉘아로사는 달콤했다. 차가 얼마나 맛있던지 50도가 넘는 더위 속에서 뜨거운 차를 4잔이나 마셨다. 2km만 더 가면 오아시스가 나오는데 거기서 다시 45분을 쉴 수 있다고 했다. 날씨가 너무 더워 주최 측에서 충분한 휴식 시간을 주기로 한 모양이다. 나는 45분을 쉬기 위해 또 사막을 달렸다.

오아시스에 도착하니 먼저 온 선수들이 모두 널브러져 쉬고 있었다. 오아시스는 작았다. 물이 나오는 곳에 시멘트로 벽을 만들어 물이 흐르게 만들어놓았다. 비록 작

5

은 오아시스긴 하지만 관광객들이 찾는 곳이라고 했다. 사막 한가운데서 샘이 솟아오르는 게 신기했다. 하지만 물은 생각보다 더러웠다. 냄새도 났다. 마실 수 없는 물이라고 했다. 사진으로 본 푸른색의 맑은 오아시스는 아니었던 셈이다. 사막의 오아시스 하면 샹그릴라제임스 힐턴의 <잃어버린 지평선 Lost Horizon>에 나오는 가공의 장소. 신비롭고 평화로운 유토피아다. 같은 낙원을 기대했는데 현실은 그렇지 않아 실망스러웠다. 그래도 땅속에서 흘러나오는 물이라 너무 시원했다. 모자를 벗고 머리를 흠뻑 적셨다.

보이는 아름다움이 전부는 아닐 것이다. 사진 속 오아시스는 그냥 사진일 뿐이다. 그것은 허상일 수도 있다. 사막 한가운데 이렇게 물이 있다는 것만으로도 충분히 아름다운 것이 아닐까. 물을 만난 것만으로도 기적을 만난 것이나 다름없다는 생각이 들었다. 그늘에 누워 휴식을 취했다.

쉬고 나니 체력이 어느 정도 회복되었다. 마을이 있는 곳으로 달리기 시작했다. 집은 남루했다. 사각형 모양의 시멘트벽으로 바람과 태양을 겨우 막은 정도였다. 마을 사람들이 낯선 이방인들에게 미소를 보내주었다.

"안녕! 친구들!"

꼬마 아이에게 손을 흔들어 주었다. 저 아이에게 비친 내 얼굴은 어떤 모습일까? 모래와 태양밖에 없는 척박한 곳에서 저 아이들은 어떻게 살아갈까? 초췌한 나보다 꼬마 아이의 눈동자가 훨씬 더 가엽게 느껴졌다.

마을을 벗어나자 모래와 자갈밭이 번갈아 나왔다. 오르막이 많았다. 다리가 아프고 목이 말랐다. 주위를 둘러보니 아무도 없었다. 앞에서 달리는 사람도 뒤따라오는 사람도 보이지 않았다. 이 세상에 나 혼자 남겨진 것 같았다. 사막 위를 헉헉거리며 달리는 내 몸뚱이 하나, 그게 전부였다. 사막에 혼자 있다는 느낌은, 나쁘지 않았다. 나쁘기는커녕 해방감마저 들었다. 사하라를 달리면서 나는 자유를 느꼈다.

CP6을 지나 얼마를 더 가자 앞서 달리던 사람들이 보였다. CP5에서 먹은 대추야자 열매와 쉘아로사 차 덕분일까? 어느 순간부터 몸이 아주 가벼워졌다. 아픔도 느끼지 못했다. 초반에 천천히 뛰었기에 체력도 남아 있었다. 다른 참가자들은 모두 지쳐가고 있었지만 난 오히려 체력이 회복되고 있었다. 바람이 불어 더위도 한풀 꺾였다.

선두권과의 거리가 점점 좁혀졌다. 1위로 달리고 있는 캐나다의 레이그는 달리는 게 직업인 프로페셔널 러너다.는 약 1km 앞에서 기복 없이 달리고 있었다. 그 뒤를 달리던 타이완의 케빈과 미국의 조는 지쳐가고 있었다. 케빈을 제치는 순간 기분이 너무 좋았다. 줄곧 2위를 달려온 선수이고, 마라톤 풀코스를 2시간 20분대에 뛰는 선수라고 했다. 경험도 많고 타이완에서는 이미 유명한 사막 마라톤 선수라고 했다. 이런 선수와 같이 달릴 수 있다는 것만으로도 나에게는 큰 영광이었다.

멀리 선두가 보였다. 시야에서 놓치지 않으려고 조금씩 속도를 내기 시작했다. CP7에 도착하자 레이가 물을 챙기고 떠나고 있었다. 내 앞엔 레이밖에 없었다. 뒤를 돌아보았다. 따라오는 사람이 보이지 않았다.
시간이 흐를수록 지치기 시작했다. 후반으로 갈수록 레이스가 힘들었다. 골인 지점은 멀었고 지형은 좋지 않았다. 가도 가도 끝이 없을 것 같았다. 80km 중에서 가장 힘든 구간이었다. 선두와의 거리가 점점 멀어져 갔다. 마지막 체크포인트를 지나 얼마나 달렸을까? 아주 멀리 희미하게 하얀 텐트가 보였다. 2~3km쯤 될 듯싶었다. 해가 지기 시작하더니 노을이 붉게 물들기 시작했다. 곱게 물든 노을을 뒤에 두고 난 계속 달렸다. 아무도 없는 사막을 홀로 외롭게 달렸다. 도달할 수 없을 것 같은 롱데이의 골인 지점에 도착했다. 또 하루가 끝났다. 종일 무엇을 보고, 무얼 생각하며 달렸을까. 돌이켜 보니, 아무것도 기억나지 않는다.

사하라에서, 나는 나를 넘어섰다

Stage 6. 10km

대회 마지막 날엔 새벽에 버스를 타고 피라미드가 있는 '기자Giza 지구'에 도착한 후 10km의 짧은 코스를 달렸다. 그동안 걸었던 사람들도 오늘은 빨리 달리기 시작했다. 참가자들은 마을을 돌아 피라미드와 스핑크스가 있는 결승점으로 향했다. 눈앞에 쿠푸왕의 피라미드가 서 있었다. 피라미드의 웅장함이 나를 놀라게 했다. 피라미드를 한 바퀴 돌고 나자 결승점 라인이 보였다. 250km의 긴 여정은 이렇게 끝나가고 있었다. 결승점 라인에서 스태프들과 많은 관광객이 반갑게 맞아주었다. 사막 레이스에서는 일등이나 꼴등 상관없이, '완주' 타이틀 하나만으로 모두 '우승자'였다. 그리고 성취감. 일주일 동안의 레이스를 완주했다는 성취감이 러너를 춤추게 한다. 그들은 당장 내일부터 사하라의 밤하늘을 그리워할 것이다. 뜨거웠던 열정의 순간은 가슴에 오래도록 새겨질 것이다. 함께 달린 친구들도 오래 잊지 못할 것이다.

참가자, 스태프와 완주 기념사진을 찍은 후 주최 측에서 마련한 식당으로 이동했다. 과일, 고기, 빵 등 음식이 푸짐했다. 접시에 음식을 가득 담고 마치 내일부터 밥을 먹지 못할 사람처럼 먹고 또 먹었다. 과일도 여섯 접시나 후딱 해치웠다. 사람들이 보든 말든 접시에 집중하며 꾸역꾸역 과일을 입속으로 집어넣었다.

사하라에 오기 전 나는 사람들의 시선과 항상 싸워야 했다. 내가 왜 달리는지, 내가 왜 여기까지 와야 하는지 하나하나 설명하곤 했다. 아무렇지 않은 척했지만 그들의 시선을 언제나 불편하게 가슴에 담고 뛰었다. 하지만 이제 그런 건 사라졌다. 사하라를 뛰고 난 뒤 나는 남의 시선 따위는 의식하지 않게 되었다. 오직 뛴다는 사실만 가슴에 담을 수 있었다. 맥주를 마셨다.

"아, 행복하다!"

두려움보다 설렘이 더 컸던 내 생애 첫 번째 사하라사막 마라톤. 사막 레이스는 아스팔트 위에서 달리는 것과 너무도 달랐다. 지형과 날씨와 환경, 그리고 사용하는 근육도 달랐다. 일주일 동안 음식을 배낭에 메고 달리는 것도 생소했고, 텐트를 날려버리는 모래폭풍은 강렬했다. 뜨거운 태양과 신발에 가득 찬 모래는 나를 더 힘들게 했다. 10kg의 배낭 무게를 견디지 못해 어깨는 상처투성이였다. 결국, 나는 발톱 세 개를 잃었다. 하지만 사하라는 내게 특별한 '선물'이었다.

사하라사막을 달리는 것만으로도 충분히 가슴 설레었다. 완주의 성취감도 무척 컸다. 사막에서의 물 한 모금이 얼마나 소중한지 깨달았고, 내 몸의 한계도 알았다. 스핑크스와 쿠푸왕 피라미드의 웅장함에 넋을 잃었고, 밤하늘의 쏟아지는 별빛도 잊을 수 없다. '나도 할 수 있다'는 자신감을 얻었고, 새로운 사람과 세상을 만난 경험은 나에게 새로운 꿈을 꾸게 해주었다. 그리고 무엇보다 내 삶의 터닝 포인트가 될 것이라는 즐겁고 확실한 믿음을 얻었다. 사하라에서, 나는 나를 넘어섰다.

GREENPEACE
JDC

내 생애 가장 아름다운 일주일

고비사막 마라톤 250km

GOBI DESERT

지체하는 사이 이탈리아의 프란체스코가 뒤에 바짝 따라왔다. 1등을 유지해야 한다는 생각에 마음이 조급해졌다. 자꾸 미끄러져 모래에 발이 빠졌다. 그래도 멈출 수 없었다. 추월당하고 싶지 않았다. 지금까지 우승 욕심이 없었으나 나를 따라오는 프란체스코를 보자 갑자기 1등을 하고 싶었다.

즐기는 사람이 이긴다

사하라 마라톤 대회가 끝난 후 '사막 마라톤 그랜드슬램'사하라사막 마라톤, 고비사막 마라톤, 칠레 아타카마사막 마라톤, 남극 마라톤 달성을 목표로 삼았다. 두 번째 관문인 고비사막 레이스를 준비하기 시작했다. 사하라에서 느꼈던 아쉬움을 고비사막에서 만회하고 싶었다. 좀 더 잘 달리고 싶었고, 운이 따른다면 랭킹 안에 들고 싶었다. 구체적인 꿈과 목표가 생기자 내 몸에 생기가 돌았다. 동기부여는 구체적이어야 한다는 걸 다시 깨달았다.

운동하기 싫으면 하지 않기 위한 핑계를 10가지는 만들어 낼 수 있다. 반대로 운동을 하고 싶다면 운동을 해야 하는 이유를 10가지 넘게 만들어 낼 수 있다. 중요한 것은 꿈과 목표이다. 꿈은 불쏘시개다. 꿈은 목표를 세우게 하고, 목표는 의지를 다지게 한다. 의지는 다시 열정을 부른다. 의지와 열정은 엔진이다. 꿈을 향해 달려가게 해주는 뜨거운 긍정 엔진이다.

고비사막 마라톤 준비 기간을 6개월로 잡았다. 처음으로 체계적으로 운동을 시작했다. 코스 지형과 환경을 고려하여 맞춤 훈련을 했다. 고비사막은 모래보다 산악 지형이 많다. 나는 매일 아침 한라산으로 출근했다. 오르막 트레이닝, 산악 훈련, 자전거 타기를 이어갔다. 해변으로 나가 모래 위를 달리는 연습도 따로 했다. 사하라 사막에서 모래 러닝 훈련이 필요하다는 걸 절실하게 느꼈다. 몸의 균형이 중요하다는 사실도 알았다. 내가 웨이트트레이닝을 시작한 이유이다. 경험이 선생이다. 말보다 힘든 건 실천이다. 긍정 엔진을 장착해도 몸을 만들어 가는 과정은 길고 힘들고 지루하다. 내 안에는 내가 너무 많다. 아침 일찍 일어날 때마다 또 다른 자아가 다시 자라고 유혹한다. 저녁엔 친구들이 보고 싶고, 삼겹살에 소주 한 잔이 간절해진다. 육체는 또 끊임없이 달콤한 음식을 원한다. 매일 전쟁이다. 쾌락과 싸워야 하고 게으름과 싸워야 한다. 유혹을 견뎌내는 일은 마라톤 풀코스를 뛰고, 사막 마라톤에 참가하는 것만큼이나 힘들다. 힘들지만 그래도 해야 한다. 그래야 다치지 않는다. 그래야 자신감이 생긴다. 준비를 잘하면 레이스가 재밌고 즐겁다. 완

우루무치는 '아름다운 목장'이라는 뜻이다. 중국 신장 위구르신장웨이우얼 자치구에 있는 도시로 톈산산맥 북쪽 기슭에 있다. 중국의 문화와 이슬람 문화가 공존하는 조금은 낯선 곳이었다.

주의 성취감과 만족감도 얻을 수 있다. 그리고 또 하나. 육체적인 고통조차 즐길 수 있게 된다. 잘하는 사람은 즐기는 사람을 당해내지 못한다. 즐기는 사람이 이긴다. 고통을 즐기자!

사막에서 즐기는 머드팩

고비사막 마라톤 대회는 매년 6월 중국의 고비사막과 카슈가르, 투르판, 실크로드 등에서 장소를 바꾸어 가며 진행한다. 250km 거리를 여섯 개 구간으로 나누어 달리고 다른 사막 대회와는 달리 3,000m 정도의 산을 오르는 '마운트 데이'가 포함된다.

우루무치는 '아름다운 목장'이라는 뜻이다. 중국 신장 위구르신장웨이우얼 자치구에 있는 도시로 톈산산맥 북쪽 기슭에 있다. 중국의 문화와 이슬람 문화가 공존하는 조금은 낯선 곳이었다. 밤 9시가 넘어도 해가 지지 않는다. 10시가 돼야 붉은 노을이 지고 시내에 어둠이 깔리기 시작한다. 석양에 물든 도시를 호텔 창가에서 바라보았다.

다음 날 오전 11시가 넘은 시각, 모든 참가자와 스태프, 자원봉사자들이 버스를 타고 대 고비사막으로 향했다. 하얗게 눈 덮인 톈산산맥이 손에 잡힐 듯 다가온다. 가도 가도 끝이 없이 펼쳐진 평원, 가끔 나타나는 작은 마을과 낙타무리, 푸른 초원 위에서 풀을 뜯는 양들이 오랜 시간 버스를 타는 지겨움을 잊게 해주었다.

8시간 넘게 달려 사막에 도착했다. 쌀쌀한 날씨는 사하라사막의 '뜨거움'과 대비됐다. 주최 측에서 마련해준 음식으로 만찬을 즐겼다.주최 측은 대회 전날과 끝나는 날 다양한 음식을 푸짐하게 준비해준다. 내일부터는 개인이 준비한 음식만으로 지내야 한다. 고비사막에서의 첫날, 자정이 다 돼서야 잠자리에 들었다.

아침 6시. 눈을 뜨자 날이 이미 밝아 있었다. 날씨는 그리 춥지 않았다. 조금 쌀쌀한 정도였다. 좋은 징조일까? 텐트 밑에 아무것도 깔지 않고 얇은 침낭 하나로 버텼는데 호텔에서 잔 것보다 컨디션이 좋다. 이른 아침부터 대회를 준비하느라 스태프들이 바쁘게 움직인다. 이제 조금 긴장이 된다. 코스 디렉터가 코스 지도를 나누어준 뒤 간단하게 브리핑했다.

"고비사막 레이스에 오신 걸 환영합니다. 오늘부터 일주일 동안 250km를 달리는 사막 레이스가 시작됩니다. 특히 오늘은 호수를 따라 발이 많이 빠지는 진흙갯벌과 비슷함을 지나야 합니다. 참가자들은 신발 끈을 단단히 조여 주시기 바랍니다."

오전 10시, 마침내 레이스가 시작됐다. 처음부터 바위산을 오르는 힘든 코스였다. 그리 높지는 않지만, 경사가 가파르고 돌이 많은 지형이었다. 돌이라도 구르면 뒤에 오는 사람들이 다치지 않을까 걱정되었다. 다행히 무사히 산을 올랐다. 정상에 오르자 커다란 호수가 펼쳐져 있다.

대회 경험이 많은 케빈과 레이, 찰리 팀이 먼저 달렸다. 이들 세 명이 한 팀으로 참가했다. 이번 사막 레이스에서는 3명이 팀을 이뤄 참가할 수 있었다. 이들은 이번 대회가 끝나면 6,000km가 넘는 사하라사막 횡단을 한다고 했다. 캐나다의 레이는 지난 사하라사막 대회 우승자였다. 타이완의 케빈은 사막 마라톤 경험만 10번이 넘는 선수였다. 미국의 찰리는 방송국 프로듀서이자 칠레 아타카마사막 마라톤 우승자이다. 셋은 사막 마라톤에서 만났고 이를 계기로 팀을 만들어 새로운 도전을 준비하고 있었다. 난 그들의 뒤를 따라 선두권을 유지하며 달렸다. 빨간 깃발100~200m마다 꽂아놓은 방향 표시 깃발이 호수 옆을 따라 꽂혀있다. 호수에는 밀가루를 뿌려놓은 듯 하얀 진흙이 넓게 퍼져 있다.

처음에는 진흙에 빠지지 않게 물기가 적은 땅을 찾아 지그재그로 뛰기 시작했다. 하지만 그것도 잠시, 마른 땅이 보이지 않았다. 신발은 진흙 속으로 하염없이 빠져 들어 간다. 진흙 속에서 선두 팀의 신발이 벗겨졌다. 그 사이 영국의 롭이 선두로 나섰다. 다른 선두권 사람들도 진흙 속에서 헤매고 있었다. 난 계속 롭을 따라 달렸다. 하지만 30센티미터씩 빠지는 진흙 속에선 어쩔 수 없었다. 한번 발이 빠지면 손

GOBI MA
104

102

으로 다리를 잡고 끌어올려야 했다. 이러다 몸까지 빠지는 게 아닌가 걱정이 들었다. 다행히 신발은 벗겨지지 않았지만, 진흙 속에서 헤매는 동안 체력 소모가 너무 많았다. 다리에 힘이 들어가자 금방이라도 경련이 일어날 것 같았다. 멀리 아름다운 산들이 시야에 들어왔지만, 풍경을 즐길 여유가 없었다. 빨리 진흙 속을 벗어나야 한다는 생각밖에 없었다. 호수 코스는 10km 넘게 이어졌다.

신발이나 벗겨지지 않으면 다행이었다. 신발이 벗겨지면 30cm가 넘는 진흙 속으로 손을 집어넣어 신발을 찾아야 했다. 그럴 때마다 온몸에 진흙이 묻었다. 진흙이 묻은 손으로 땀이라도 닦으면 얼굴에도 온통 진흙이다. 신발을 찾기 위해 진흙 속을 구르다 나온 일본의 유카코 몰골이 말이 아니었다. 그 모습을 보자 처량하기보다는 웃음이 먼저 나왔다.

자꾸 헛웃음이 나왔다. 분명 사막 마라톤 대회인데 사람들은 사막이 아니라 진흙 속에서 하나같이 헤매고 있다. 사막 레이스 첫날부터 머드팩 제대로 하게 될 줄이야!

나 혼자 모래폭풍 속으로

사막에서 모래폭풍을 만나는 건 흔한 일이다. 사막에 온 지 이튿날 밤부터 바람이 많이 불었다. 얼마나 세차게 부는지 이미 바람에 무너진 텐트도 여럿이었다. 새벽에 스태프와 자원봉사자가 텐트를 다시 고정해 줬지만, 우리 텐트도 언제 날아갈지 모를 지경이었다. 깜깜한 밤이었지만 불안한 마음에 잠을 이룰 수 없었다. 사하라의 바람도 거셌지만, 해발 2,000m, 고지대 고비의 바람도 무섭기는 마찬가지였다.

대회 4일째. 72km를 달리는 롱데이의 아침이 밝았다. 일찍 출발하는 사람들이 부산하게 움직이고 있다. 나는 선두권이라서 조금 여유가 있다. 나는 망가진 몸을 챙겼다. 발목과 무릎이 얼마나 견뎌줄지, 발톱은 또 얼마나 버텨줄지, 모든 게 불안했다. 발톱이 빠지지 않도록 발가락을 테이프로 동여맸다. 무릎에 테이핑도 마쳤다. 만약을 대비해 진통제까지 먹었지만 걱정이 사라지지 않았다.

'세상에! 내가 일등으로 달리고 있다니.' 아직 완주한 건 아니지만 태어나서 일등을 해본 건 그때가 처음이었다. 롱데이 레이스에서 내 몸이 잘 견뎌주길 마음속으로 바라고 또 바랐다.

참가자들은 대부분 8시에 출발했다. 나를 포함한 선두 그룹 25명은 10시에 출발했다. 선두 그룹이지만 빠르게 치고 나가는 사람이 없다. 72km를 달리는 부담 때문에 체력 안배를 하는 것이리라. CP2까지는 여러 선수와 같이 도착했다. 몸 상태를 살폈다. 걱정했는데 큰 문제는 없어 보인다. CP2를 지나면서 속도를 내기 시작했다. 얼마나 달렸을까. 어느 순간 혼자라는 걸 알았다. 내가 1위로 달리고 있었다. 믿기지 않았다. 둘째 날까지만 해도 그저 운이 따랐다고 생각했지만 대회가 종반으로 접어든 오늘까지 1위를 유지하고 있었다. 그때의 묘한 감정을 지금도 잊을 수 없다. '세상에! 내가 일등으로 달리고 있다니.' 아직 완주한 건 아니지만 태어나서 일등을 해본 건 그때가 처음이었다. 롱데이 레이스에서 내 몸이 잘 견뎌주길 마음속으로 바라고 또 바랐다.

빨간 깃발만 바라보며 '아무도 없는' 사막을 달렸다. 몸에 전율이 흘렀다. 온몸으로 퍼지는 고통도 잊을 수 있었다. 가도 가도 끝이 없는 초원지대였다. 뛰는 내내 힘들다는 생각보다 이런 곳을 두 발로 달리고 있다는 사실에 감사했다. 행복했다. 초원지대가 끝났다. CP6을 지나면서 강풍이 불어오기 시작했다. 빨간 깃발은 멀리 모래언덕으로 향하고 있었다. 높이를 알 수 없는 모래 언덕들이 웅장하게 솟아 있다. 긴장감이 느껴졌다. 사막엔 모래언덕이 많다. 하지만 여긴 언덕이 아니라 모래 산이다. 높이가 200m를 훌쩍 넘었고, 여러 개 언덕이 이어져 있어 오르고 내리기를 반복해야 했다.

모래언덕으로 들어서는 순간 바람이 세차게 불었다. 선글라스 속으로 모래가 들어

오면 눈을 제대로 뜰 수 없었다. 고비사막의 바람은 아주 불규칙적으로 불었다. 갑자기 검은 구름이 몰려오더니 빗방울이 내리기 시작했다. 솔직히 무서웠다. 아무도 없는 모래언덕. 강풍이 불어 한 치 앞도 보이지 않는 모래폭풍 속으로 나는 홀로 들어가야 한다. 알 수 없는 블랙홀로 들어가는 기분이었다. 길을 잃어버릴 것 같은 두려움이 한가득 몰려왔다.

'잠시 기다렸다가 2위 그룹이 오면 같이 갈까?' 솔직히 그러고 싶었다. 하지만 강풍과 모래 먼지 때문에 혼자 서서 기다리는 일도 쉽지 않았다. 나는 반소매 옷을 입고 있었는데, 모래가 살갗을 때려 너무 따가웠다. 채찍 같았다. 급히 배낭에서 바람막이 옷을 꺼내 입었다. 그렇게 10여 분을 머뭇거리다 모래언덕 속으로 걸어 들어갔다.

아무 흔적이 없다. 희미하게 빨간 깃발만 펄럭이고 있다. 바람에 사정없이 펄럭이면서도 깃발은 내가 가야 할 방향을 제대로 표시해 주었다. 얼마 후 먹구름이 사라지고 소나기가 그쳤다. 바람은 여전히 거세다. 바람이 덮쳐올 때마다 달리기를 멈추고 한 걸음 한 걸음 조심해서 걸어갔다. 지체하는 사이 이탈리아의 프란체스코가 뒤에 바짝 따라왔다. 1등을 유지해야 한다는 생각에 마음이 조급해졌다. 자꾸 미끄러져 모래에 발이 빠졌다. 그래도 멈출 수 없었다. 추월당하고 싶지 않았다. 지금까지 우승 욕심이 없었으나 나를 따라오는 프란체스코를 보자 갑자기 1등을 하고 싶었다. '사막 마라톤 우승'이라는 타이틀 욕심이 가슴을 비집고 마구 들어왔다. 고비의 자연은 참으로 변화무쌍하다. 모래언덕을 내려오자 언제 사막을 거쳐 왔냐는 듯 거짓말처럼 푸른 초원과 호수가 펼쳐져 있다. 종착지가 멀지 않았다. 저 앞에 게르Ger. 몽골 유목민의 이동식 주택가 보였다. 롱데이의 캠프는 저 유목민 거주지다. 나는 다시 힘을 냈다. 6시간 12분 만에 1등으로 캠프에 도착했다. 테이핑과 진통제로 통증을 견뎌냈고, 강풍과 모래바람, 소나기와 싸우면서 레이스를 끝냈다. 나 말고도 선두 그룹의 기록이 다 좋았다. 예상하지 못했는지 캠프 준비는 아직 덜 되었다.

나는 패잔병처럼 서서 조금 전 지나온 모래언덕을 바라보았다. 바람이 없으면 저렇게 아름답고 고요한데……. 끝없이 이어진 곡선의 물결! 장엄하고 신비롭다. 푸른 초원과 노란 모래언덕이 이룬 색 대비가 강렬하게 아름답다.
호수 옆에 게르가 일정한 거리를 두고 세워져 있다. 유목민들이 빌려주는 호텔(?)이다. 담요 하나밖에 없는 초라한 유목민 텐트지만 오늘은 추위와 강풍에 잠을 설치지 않고 편하게 잘 수 있을 거 같다. 오늘은 긴 잠에 빠질 것 같다. 자꾸 웃음이 나온다.

내 생애 첫 번째 일등

오늘은 51km를 달려야 한다. 73km를 뛰고 난 후라 조금 부담스러웠다. '내일은 짧은 코스라 편하게 뛸 수 있다. 오늘만 잘 견디면 된다'라고 생각을 하며 마음을 다스렸다. 믿기지 않았지만, 첫날 이후 오늘까지 나는 전체 순위 1위를 달리고 있었다. 2위와의 기록에서 1시간가량 앞서 있었다. 사막 마라톤 첫 우승이 성큼 다가와 있었다. '잘하자. 오늘만 잘 견디자.' 나는 주문을 외듯 나지막이 나에게 속삭였다.
출발선에서 신호를 기다리는데 중국 현지인들이 몰려와 '코리아 넘버원'을 외쳤다. 그들은 매일 캠프의 텐트를 쳐주었다. 사람들이 사진을 찍자고, 또 사인해달라고 졸라댔다. 이런 상황에 익숙하지 않았지만 고마웠던 친구들이라 그 이상도 해주고 싶었다. 덩치 크고 눈이 시퍼런 서양인이 가득한 레이스에서 매일 일등으로 들어오는 키 작은 한국인이 그들 눈에는 꽤 신기하게 보였던 모양이다. 같은 아시아인으로서 동질감도 느꼈으리라. 그들은 매일 나를 살뜰히 챙겨 주었다. 며칠 사이 낯선 고비사막에서 우린 그렇게 정이 들었다. 곧 저들과 헤어져야 한다. 회자정리. 만남이 있으면 헤어짐도 있는 법. 나는 아쉬움을 뒤로 하고 발길을 돌렸다. 이게 인생이리라.

오전 7시가 조금 넘은 시각, 기분 좋게 레이스를 시작했다. 시작부터 오르막 코스

지체하는 사이 이탈리아의 프란체스코가 뒤에 바짝 따라왔다.
1등을 유지해야 한다는 생각에 마음이 조급해졌다. 자꾸 미끄러져
모래에 발이 빠졌다. 그래도 멈출 수 없었다. 추월당하고 싶지 않았다.

였지만 스피드를 내지 않았다. 2위권과 1시간 정도 여유가 있었다. 이번 코스 설계가 너무 맘에 들었다. 산과 협곡, 모래 언덕 등 코스가 다양해 무척 힘들었지만, 한라산을 많이 뛴 나에게는 제법 익숙한 코스였다.

"코스가 너무 맘에 들어! 나를 위해 만들어 놓은 코스 같아. 첫날의 진흙 코스만 빼고!"

내가 코스를 설계한 롤프에게 말했다.

"일주일 전에는 진흙 지형이 아니었어."

롤프가 웃으며 말했다.

무리하지 않고 뛰었는데도, 산에서 내려오자 무릎과 발가락이 무척 아팠다. 벌써 진통제를 여러 개 먹었는데도 약발이 먹히지 않는다. CP3을 지나면서 롭과 프란체스코가 선두로 나서기 시작했다. 너무 뒤처지면 안 된다는 생각에 뒤따라 뛰기 시작했다. 조금 더 가자 개울과 다리가 보였다. 다리를 건너려는 순간 롭이 다리 밑으로 나를 불렀다. 깃발이 다리 밑에 꽂혀있었다. 혼자 달렸다면 길을 잃고 헤맬 뻔한 순간이었다. 몇몇 참가자들이 이 다리에서 코스를 이탈해 1시간 이상 헤맨 사람도 있었다는 이야기를 레이스를 마친 뒤 전해 들었다. 대회 기간 내내 이런 행운이 나를 따라다녔다.

어느새 케빈과 찰스, 레이가 뒤따라왔다. 개울을 건너면서 선두 그룹은 모두 여섯 명이 되었다. 우린 그렇게 같이 달렸다. 끝나지 않을 것 같은 오르막과 급경사, 바위를 차례로 지났다. 오늘은 날이 가장 더웠다. 섭씨 35도를 오르내렸다. 체크포인트에서 물을 충분히 준비하지 않을 걸 후회했다. 목이 마르고 배도 고팠다. 협곡이 끝나지 않을 것처럼 길게 이어졌다. 지친 몸을 이끌고 한참을 달려 CP4에 도착했다. 남은 거리는 10km였다. 순위가 어느 정도 정해진 상황이라 서로 앞서려 하지 않고 즐겁게 함께 달렸다. 이번 레이스에서 처음으로 여유라는 걸 느꼈다.

"우리 모두 함께 캠프에 가자!"

캐나다의 레이가 힘들어하는 친구들에게 격려의 말을 건넸다. 너 나 없이 다 지쳐

racing
theplanet
racingtheplanet

얼마를 더 달리자 넓은 평원이 나타났다. 이윽고 하얀 캠프가 보였다. 우린 서로를 바라보며 기쁨의 미소를 지었다. 캠프 스태프들이 북을 치며 환호해 주었다. 우린 그렇게 다 같이 손을 잡고 결승선에 도착했다.

있었다. 게다가 코스는 무척 난도가 높았다. 우린 천천히 함께 달렸다. 모두 힘든지 아무 말이 없다. 발걸음 소리와 거친 숨소리만 협곡에 흐르고 있었다.
힘들 때 누군가와 같이 달린다는 게 얼마나 행복한 일인지. 레이, 찰스, 케빈, 롭, 프란체스코 모두 멋진 친구였다. 그들과 같이 있다는 것만으로 나는 충분히 행복했다. 협곡 정상에 가까워지자 위로만 향하던 깃발이 오른쪽을 향해 뻗어 있었다. 얼마를 더 달리자 넓은 평원이 나타났다. 이윽고 하얀 캠프가 보였다. 우린 서로를 바라보며 기쁨의 미소를 지었다. 캠프 스태프들이 북을 치며 환호해 주었다. 우린 그렇게 다 같이 손을 잡고 결승선에 도착했다. 부둥켜안으며 서로를 격려해주었다. 가슴이 뭉클했다. '끝이 보인다'는 생각에 너무 행복했다. 고비 사막에서의 마지막 날이 저물고 있었다. 하늘이 붉게 물들고 있었다.

태극기 펄럭이며 결승선으로!

잠을 자려고 누웠지만 금세 잠이 오진 않았다. 선잠을 자다가 너무 추워 잠에서 깼다. 사막에 도착한 후 가장 추웠다. 여름이라지만 해발 2,000m의 북방 고지대는 한라산과 달랐다. 추위에 대한 준비를 제대로 하지 못해서 더 춥게 느껴졌다. 한두 시간밖에 자지 못하고 추위에 떨며 꼬박 밤을 새웠다. 아침에 기온을 물어보니 영하 5도까지 내려갔다고 했다.
오늘은 마지막 레이스가 열리는 날이다. 13km라 큰 부담은 없었지만 무릎이 걱정되었다. 오늘은 출발부터 내리막이다. 신나게 뛰어 내려가고 싶은데 무릎이 말을 듣지 않는다. 얼마 가지 못하고 걷기 시작했다. 내려오는 내내 발톱이 흔들거리는 게 느껴졌다. 이런 몸으로 어떻게 그 많은 거리를 달려왔는지, 내가 뛰었지만 믿어지지 않았다. 몸이 망가질 대로 망가져 있었다.

절룩거리며 뛰고 걷기를 반복했다. 출발한 지 1시간이 넘어설 즈음 결승선이 보였다. 결승선을 50m 남겨두었을 즈음 우승자에게만 주는 거라며 한 스태프가 다가와 태극기를 건네주었다. 많은 사람이 북을 치며 환호해 주었고, '코리아'를 외치며 격려해주었다. 내 생애 첫 일등. 우승이라는 타이틀도 기뻤지만 6박 7일의 힘든 일정이 모두 끝났다는 생각에 행복감이 밀려들었다.

맨 마지막 러너로 함께 참가했던 지희 누나가 들어왔다. 눈물을 흘리며 완주한 지희 누나에게 많은 박수가 이어졌다. 꼴찌에게도, 일등에게도 모두 큰 박수가 쏟아지는 곳. 그것이 사막 마라톤의 매력이었다. '내 생애 가장 아름다운 일주일'은 이렇게 끝나고 있었다.

결승선을 50m 남겨두었을 즈음 우승자에게만 주는 거라며 한 스태프가 다가와 태극기를 건네주었다. 많은 사람이 북을 치며 환호해 주었고, '코리아'를 외치며 격려해주었다.

지구에서 가장 건조한 사막을 달리다

칠레 아타카마사막 마라톤 250km

ATACAMA DESERT

미국의 데스 밸리보다 50배 메마른 땅, 아타카마 사막은 지구상에서 가장 건조한 곳이다. 1년 내내 비가 거의 내리지 않는다. 아타카마 사막 마라톤 250km. 사하라사막, 고비사막에 이어 나는 또 새로운 경험을 하기 위해 남미로 날아갔다.

지구상에서 가장 건조한 곳이라고?

세상에서 남북으로 가장 긴 나라. 흥겨운 라틴음악과 감미로운 포도주가 있는 나라. 남미의 혁명 전사 체 게바라가 모터사이클을 타고 달렸던 광활한 사막과 평원. 칠레의 아타카마사막으로 떠나기 전부터 낯선 곳에 대한 기대와 설렘으로 심장이 뛰었다.

지구상에 가장 건조한 땅. 칠레의 아타카마사막은 비가 거의 내리지 않는다. 오죽했으면 지구상에서 가장 건조한 곳이겠는가? 이 말로 안 되는 땅에서 역설적으로 마라톤 대회가 열린다. 아타카마사막 마라톤 250km. 다시 심장이 요동친다. 사하라사막, 고비사막에 이어 나는 또 새로운 세계를 경험하기 위해 이번에는 남미로 날아갔다.

우리나라에서 가장 멀리 있는 대륙, 남미에 가려면 비행기를 여러 번 갈아타야 한다. 많은 시간과 체력이 소요되는, 비행 자체가 대장정이다. 한국을 떠날 때는 폭염주의보가 내린 8월이었으나 칠레는 우리와 정반대로 한겨울이었다. 비행기를 타고 이동하는 동안 계절이 바뀌어 버린 것이다. 칠레의 수도 산티아고에 도착하자 싸늘한 공기가 몸을 감쌌다. 얼른 겨울 외투를 꺼내 입었다.

칠레의 수도 산티아고에서 다시 비행기를 타고 북쪽으로 약 1,600km 떨어진 깔라마Calama 로 갔다. 하늘 위에서 안데스산맥을 내려다보았다. 하얗게 눈 덮인 모습이 장관이다. 눈 덮인 산줄기가 깔라마 공항에 도착할 때까지 계속 이어졌다. 비행기로 3시간, 국토의 일부 구간만 이동했는데도, 칠레가 얼마나 긴 나라인지 실감이 났다. 칠레의 남북 길이는 약 4,300km이다. 감이 잘 안 온다. 이게 얼마나 긴 거리일까. 서울에서 싱가포르까지의 거리, 이게 칠레의 남북 길이이다.

깔라마에서 다시 버스를 탔다. 버스는 동남쪽으로 2시간 정도 달리더니 산 페드로 데 아타카마San Pedro de Atacama에 나를 내려줬다. 산 페드로 데 아타카마는 아타카마사막 초입에 있는 작은 오아시스 마을이다. 아타카마사막으로 가기 위해 꼭 거

드디어, 출발 신호가 울렸다. 아타카마사막 마라톤 250km.
대장정 레이스가 막 시작됐다. 시작부터 급경사다.
돌이 많은 협곡지대를 오르기 시작했다.

쳐야 하는 마을이다. 사막을 여행하는 여행자의 베이스캠프 같은 곳이다. 남북으로 뻗은 길을 따라 작은 호텔과 카페들이 늘어서 있다. 전통 공예품들을 파는 가게도 있고 마을의 역사를 알 수 있는 박물관도 있다. 1시간이면 마을 전체를 구경할 수 있다. 관광객이 붐비는 곳이기도 하다. 마라톤 주최 측에서는 매년 이 마을에 미팅 장소를 마련한다.

저체온증에 탈락자가 속출하다

아타카마사막은 사하라처럼 우리가 생각하는 전형적인 사막과 조금 다르다. 모래언덕과 모래벌판뿐 아니라 소금사막Salt desert과 호수 그리고 달의 계곡Valley of the moon이라 불리는 독특한 지형을 많이 품고 있다. 달의 계곡은 달의 표면과 가장 비슷하다고 해서 붙여진 이름이다. 아타카마는 그만큼 다른 사막과 다른 이국적인 풍경을 많이 품고 있다.

사막의 첫날 밤은 매우 추웠다. 텐트 안의 기온이 영하로 내려가서 새벽에도 몇 번이나 잠에서 깼다. 아침에 일어나보니, 물병이 꽁꽁 얼어있었다. 사막이 이렇게 춥다니! 지금 이곳은 남미이고, 8월이지만 우리나라와 정반대로 겨울의 한복판이라는 사실을 다시 실감했다.

꽁꽁 언 손으로 배낭에서 음식을 꺼내 아침 식사를 겨우 끝냈다. 약 1시간 정도 버스를 타고 동쪽으로 이동해 마라톤 장소인 해발 약 4,000m 고지대에 도착했다. 리칸카부르 화산Licancabur volcan이 사막 한가운데에 기둥처럼 우뚝 솟아 있다. 8

월에 보는 설산이 인상적이다. 리칸카부르는 안데스산맥의 일부이다. 안데스는 남미대륙 서쪽에 있다. 칠레가 남북으로 가장 긴 나라라면, 안데스는 남북으로 가장 긴 산맥이다. 무려 7,000km. 북쪽 페루에서 시작해 볼리비아, 칠레, 아르헨티나까지 이어진다. 해발 6,000m가 넘는 거봉 50여 개가 산맥 중간중간에 장엄하게 솟아 있다.

조금 있으면 첫 레이스가 시작된다. 첫날은 4,000m 고지대에서 계곡을 따라 내려오면서 돌과 바위들이 있는 협곡 지역을 통과하고 다시 계곡을 건너는 코스이다. 코스가 험난하다. 경사가 심한 암벽을 오르내리는 지역도 포함되어 있다. 출발 시각까지는 30여 분이 남았다. 고지대에 적응하기 위해 오르막을 조금 뛰었더니 금세 숨이 차올랐다.

출발 장소에는 마추카Machuca 성당이 있다. 돌과 흙으로 짓고 외벽을 흰색으로 칠한 작고 소박한 성당이다. 성당 아래에는 작은 마을이 있다. 돌과 황토로 집을 짓고 풀이나 함석으로 지붕을 만든, 사막을 닮은 집이 스무 채 안팎 모여 있다. 이곳은 여전히 잉카 문명의 흔적이 남아있다. 사막 레이스는 단지 모래와 협곡을 달리는 것만이 전부가 아니다. 그 지역의 문화와 문명을 느끼면서 달리는 대회다.

드디어, 출발 신호가 울렸다. 아타카마사막 마라톤 250km. 대장정 레이스가 막 시작됐다. 시작부터 급경사다. 돌이 많은 협곡지대를 오르기 시작했다. 돌이 막 구르는 경사가 급한 협곡지대다. 엉금엉금 기어가야 할 만큼 경사가 심한 곳도 있다. 뛰기는커녕 걷거나 기어가야 할 코스가 넘쳐났다.

"위험해요! 조심해요!"

앞에 가는 선수는 뒤에 오는 사람들에게 돌이 굴러 내린다고 알려준다. 경고 메시지를 들은 사람은 또 다음 사람에게 위험 신호를 전달한다.

얼마를 가니 차가운 계곡물이 앞을 가로막고 있다. 아까는 협곡지대더니 이번에는 계곡을 따라 내려오면서 셀 수 없을 만큼 많은 물을 건넜다. 눈이 녹아 산에서 내려

오는 물이라 한 번 들어갔다 나오면 온몸이 얼어버릴 정도로 춥고 고통스러웠다. "으악!" 참가자들의 비명이 아프게 메아리쳤다. 정말 설명할 수 없을 만큼 추웠다. 온몸이 마비되는 느낌이었다. 코스는 계곡을 따라 지그재그로 나 있다. 참가자들은 50여 회가 넘게 물을 건너야 했다. 물을 건너느라 저체온증에 걸려 레이스를 포기하는 참가자가 속출했다. 첫날부터 너무 힘들었다.

코스가 험난하면 체력소모가 많아지고 집중력이 떨어진다. 이렇게 되면 페이스를 잃어버리는 일이 많다. 사막 코스는 날씨와 지형의 변화가 심해 미리 코스를 예측할 수 없다. 어떤 환경이 다가올지 알 수 없기에 두려움이 더 크다. 하지만 그만큼 흥미롭고 재미있다.

첫날 레이스가 끝나자 모든 선수가 경쟁자가 아니라 동지가 되어 있었다. 조금 다르게 표현하면 그만큼 첫날 코스가 힘들었다는 뜻이다. 내내 서로 응원해주고 격려해주고 걱정해주었기에, 하루를 잘 마칠 수 있었음을, 선수들은 레이스 내내 온몸으로 체득하고 있었다.

늘 받는 질문, 근데 거길 왜 가요?

둘째 날도 힘든 코스가 이어졌다. 10km를 조금 넘게 뛰었을 때였다.

"깃발이 보이지 않아!"

맨 앞에서 달리던 캐나다의 마크가 갑자기 멈춰 섰다. 사막 레이스에선 100~200m마다 깃발을 꽂아 코스를 표시해둔다. 그러고 보니 언제부턴가 깃발이 보이지 않았다. 선두 그룹 아무도 그걸 눈치채지 못했다. 코스가 힘들다 보니 그저 앞만 보며 달렸을 뿐 언제부터 코스를 벗어났는지 의식하지 못하고 있었다.

뒤를 돌아보니 아무도 보이지 않았다. 선두 그룹 3명만 코스를 이탈해 엉뚱한 곳을 달린 것이다. 누구에게 책임을 물을 순 없었지만 내 눈은 자꾸 맨 앞에서 달린 마크를 향했다. 서로의 눈이 마주쳤고 순간 나는 그를 향해 미소를 지었다. 마음속으로

만 작게 한마디를 외쳤다. '마크야, 너 왜 그랬니?'
사막 레이스에서 길을 잃어버려도 당황할 필요는 없다. 1~2분 차이로 순위가 바뀌는 치열한 경쟁 상황에서는 조금 다르겠지만. 그게 아니라면 편하게 마음먹고 뛰어왔던 길로 다시 돌아가면 된다. 코스를 이탈한 이후 우리는 조금 더 끈끈한 친구가 되었다. 몸이 너무 힘들었기에 서로를 더 의지하게 되었다.
아타카마사막은 참으로 다채로웠다. 둘째 날 캠프 주위엔 신비로운 소금 호수가 있었다. 사막 한가운데 펼쳐진 하얀 소금과 호수는 정말 아름다웠다. 마치 물과 소금을 일부러 뿌려 놓은 것 같았다. 하얀 소금이 햇빛에 반사되어 보석처럼 반짝였다. 자연의 신비란 이런 것일까. 날이 어두워지자 붉은 노을이 호수 위에 비쳤다. 경이로울 만큼 아름다웠다. 아타카마는 말할 수 없는 고통을 주었지만, 레이스의 고통을 잊게 만드는 판타지도 보여주었다. 어둠이 내릴 때까지 나는 고통 뒤에 찾아온 행복을 만끽했다.

나는 이번 대회에서도 꼭 우승하고 싶었다. 그런 기대와 목표로 남미까지 날아왔다. 둘째 날까지 나는 130명이 넘는 참가자 중에서 4번째로 달리고 있었다. 1위와는 40여 분, 3위와는 10여 분밖에 차이가 나지 않았다. 며칠에 걸쳐 스테이지 레이스를 펼치므로 컨디션에 따라 1시간은 충분히 극복할 수 있다. 사막 레이스는 1~2일이 힘든 코스였다면 다음 날은 보통 쉬운 코스에서 진행한다. 하지만 아타카마사막 코스는 이런 기대를 무참히 짓밟았다. 모든 코스를 난코스로 기획했다. 코스가 너무 힘들었다. 다른 사람과 경쟁하기보다 자신을 이겨내는 게 먼저였다. 첫날부터 선수들은 서로의 손을 꼭 붙들었다. 가파른 협곡과 살을 저미는 계곡물을 이겨내기 위해 선뜻 손을 내밀어주었고, 깊은 계곡물에서는 체인처럼 손을 연결했다. 거기에 '순위'라는 경쟁의식은 없었다. 참가자들은 경쟁하는 '선수'가 아니라 연대하는 '동지'가 되어 있었다. 그 덕에 우리는 함께 레이스를 즐겼다. 다른 대회에서는 느끼지 못한 뜨겁고 묘한 감정을 경험했다. 서로를 더 많이 알아가게 된 것

황량한 사막이야말로 나 같은 '작은' 인간을 가장 의미 있는 존재로 만들어 준다. 고통을 함께 나누는 인간의 유대가 가장 절실함을 깨닫게 해준다. 그래서 나는 사막을 찾는다. 사막은 갈수록 매력이 넘치는 곳이다.

도 특별한 소득이었다.

사막 레이스에선 다양한 경험과 이력을 가진 사람을 만나게 된다. 선두그룹엔 사이클 선수 출신 변호사인 캐나다의 마크 타밍가, 미국 올림픽 스키 대표 선수였던 조 홀랜드 그리고 지난번 고비 사막에서 2등을 한 이탈리아 프란체스코 등이었다. 변호사가 사막을 달리는 게 신기했다. 스키를 신고 눈 위를 달리던 국가대표 선수가 모래 위를 달리는 것도 이채로웠다. '그림을 그린다'고 말했을 때 외국 친구들도 나를 신기하게 바라보았다. 직업뿐 아니라 나이대도 다양하다. 10대에서 70대 할아버지까지 달린다. 마라톤 경험이 많은 사람도 있지만 달리기 경험이 전혀 없는 참가자도 있다. 단지 사막을 경험하고 싶고, 새로운 세계를 체험하고 싶어서 오는 사람도 있다. '무모한' 도전을 하는 사람이 세상에는 참 많다. 세상은 넓고 도전하는 사람은 많다.

사막에서는 10여 명씩 같은 텐트를 사용한다. 일주일 동안 함께 사용하다 보면 서로에 대해 더 많이 알게 되고, 레이스에서 페이스가 같은 러너끼리 친구가 된다. 서로 문화와 생각, 나이가 다른 참가자들이 달리면서 친구가 되는 과정은 다른 운동경기에서도 경험하기 힘들다. 사막 마라톤만이 가진 특별한 매력이다. 이런 매력이 자꾸 나를 사막으로 이끈다.

내가 사막 마라톤에 참가한다고 하면 사람들은 대개 이런 반응을 보인다.

"우와, 대단하네요!"

그리고 뒤에 꼭 질문을 덧붙인다.

"근데 거길 왜 가요?"

무미건조한 사막에서 생고생 말고 무슨 특별한 경험을 할 수 있느냐는 것이다. 그러나 나는 사막에서 화려한 세상을 만난다. 자연의 가장 위대한 작품, '사람'을 만나는 것이다. 뜨거운 태양 아래 만들어지는 소금 결정체처럼, 수억의 모래알 속에 숨겨진 금가루처럼, 저마다 고귀한 인생의 결정체를 만들기 위해 사막을 찾는 사람들. 사람다운 사람이 이곳에 있다.

황량한 사막이야말로 나 같은 '작은' 인간을 가장 의미 있는 존재로 만들어 준다. 고통을 함께 나누는 인간의 유대가 가장 절실함을 깨닫게 해준다. 그래서 나는 사막을 찾는다. 사막은 갈수록 매력이 넘치는 곳이다.

발목을 접질렸다, 완주할 수 있을까?

대회 4일째. 주최 측은 매일 아침 그날 코스에 대해 브리핑해주고 지도를 나누어 준다. 코스 지도를 받아보니 CP2~CP314km 사이에 'Extremely Difficult'라는 단어가 쓰여 있다. 나도 모르게 한숨이 새어 나왔다. 첫날부터 탈락자가 생길 정도로 혹독한 코스가 이어지지 않았는가. 4,000m나 되는 고산지대에서 출발해 돌과 바위가 진을 치고 있는 협곡을 건넜고 경사 심한 암벽, 안데스 눈이 녹아 흐르는, 뜨거운 피마저 얼려버릴 것 같던 계곡물을 견뎠다. 그런데 이제야 '극도로 어려운' 코스라니! 온몸의 세포가 바짝 긴장하는 것 같았다.

CP1까지는 자갈밭과 오르막이 반복되는 코스였다. 체크포인트를 얼마 남겨 놓지 않고 높이 100m 정도의 협곡을 내려가는 위험한 코스가 있었다. 언덕을 내려오면서 '균형을 잃고 넘어지기라도 하면 어쩌나'하는 아찔한 생각이 들었다. 언덕 밑에는 물이 흐르고 있었고, 내 키보다 큰 갈대밭이 있었다. 미로를 헤매는 기분이었다. 미로를 벗어나자 끝없이 펼쳐진 넓은 평원이 나타났다. 지면엔 자갈이 있었지만 비교적 평평했고 CP2까지는 거의 내리막이었다. 마크와 프란체스코가 짝을 이뤄 앞

드디어 롱데이 아침이 밝았다. 오늘은 80km를 달려야 한다. 나는 발목부터 살폈다. 어젯밤보다 더 많이 부었다. '처음으로 포기해야 할지도 모른다'라는 생각이 들었다. 마음을 달래며 테이프로 발목을 감았다.

에서 달렸고, 미국의 조와 내가 짝을 이뤄 그 뒤를 달렸다. 거리는 벌어지기도 하고 좁혀지기도 했다. "힘내!" 조는 내가 힘들어할 때마다 윙크하고 엄지손가락을 높이 들어 올리며 격려해주었다. 조가 고마웠다.

걱정거리가 하나 있었다. 어제 레이스 도중 발목을 접질렸다. 코스 막바지에 이르자 발목이 아프기 시작했다. 조의 응원이 아픔을 참는 데 도움이 되었다. 가도 가도 끝이 없을 것 같은 평원을 지나 우리 네 명은 CP2에 함께 도착했다.

우리 앞에는 기괴한 소금사막이 펼쳐져 있었다. 평평한 사막이 아니었다. 진흙과 소금, 가시덤불이 하나로 뒤엉켜 굳은 지형이었다. 보는 것만으로도 숨이 막힐 것 같았다. 'Extremely Difficult 구간이 저기구나.' 지도를 보지 않고도 금방 알 수 있었다. 아니나 다를까. 그곳은 지금까지 경험해보지 못한 코스였다. 딱딱하게 굳어버린 뾰족한 진흙이 송곳처럼 자꾸 신발을 파고들었다. 뛸 수 있는 지형이 아니었다. 이번 대회는 모래사막, 산, 계곡, 협곡, 소금사막 등 다양한 코스가 포함되어 있었다. 매일 힘든 레이스가 반복됐다. 그래도 지금보다 힘들진 않았다. 코스가 워낙 험해 14km를 한 번도 뛰지 못하고 걸었다. 2시간 30분 만에 마침내 소금사막을 통과했다. 신발은 여기저기 구멍이 나 2시간 30분 만에 낡은 신발이 되었다. 정말 'Extremely Difficult' 코스였다.

CP3를 지났다. 캠프까지는 6km가 남았다. 발목이 너무 아팠다. 마크와 프란체스코가 먼저 캠프에 도착했고 몇 분 지나 조와 내가 도착했다. 배가 무척 고팠지만, 음식을 먹을 정신이 아니었다. 겨우 텐트 속으로 기어들어 갔다. 힘들게 레이스를 마친 후라 정신이 하나도 없었다. 거기에 발목이 너무 부어올랐다. 통증도 점점 심했다. 내일은 롱데이 코스다. 완주할 수 있을지, 확신이 서지 않았다. 오늘따라 바람은 왜 이리도 세찬가. 피로와 통증을 안고 자리에 누웠다. 이런저런 생각으로 잠이 오지 않았다.

체 게바라의 영혼이 느껴지는 밤

드디어 롱데이 아침이 밝았다. 오늘은 80km를 달려야 한다. 롱데이엔 세 팀으로 나누어 진행되었다. 아침 6시와 8시. 선두 그룹 20명을 제외하고 나머지 참가자들이 먼저 출발했다. 나는 발목부터 살폈다. 어젯밤보다 더 많이 부었다. 달릴 수 있을까? 오늘 레이스가 많이 걱정되었다. 이번이 세 번째 참가하는 사막 마라톤이다. '처음으로 포기해야 할지도 모른다'라는 생각이 들었다. 마음을 달래며 테이프로 발목을 감았다.

걱정을 한 아름 안고 레이스를 시작했다. 어제와 같이 네 명이 무리를 지어 달렸다. CP3을 지나자 먼저 출발한 선수들이 하나둘 보이기 시작했다. 선행 그룹은 대부분 걸어서 레이스를 진행하기 때문에 선두그룹은 3~4시간 늦게 출발해도 금방 따라잡을 수 있다.

우린 뜨거운 태양을 온몸으로 받아들이고 있는 아타카마사막을 함께 달렸다. 조금씩 적응이 됐는지 발목 통증이 출발할 때보다 덜하다. 소금사막과 갈대밭을 지나 한참을 달리자 크고 웅장한 모래언덕이 나타났다. 힘겹게 모래언덕을 올랐다. 아름다운 사막풍경이 시야 가득 펼쳐졌다. 하지만 나에겐 아름다움을 즐길 여유가 없었다. 언덕을 내려온 후 발목 통증이 다시 찾아왔다. 이제 겨우 코스의 절반을 넘겼는데 일행과 같이 뛸 수가 없었다. 난 점점 뒤처지기 시작했다.

"안이 뒤처지고 있어!"

함께 달리던 조가 앞에서 달리는 마크에게 얘기했다.

"우리 함께 걷자!"

옆에 있던 프란체스코가 잠시 같이 걷자고 제안했다. 정말 고마웠다.

친구들의 배려로 잠시 여유를 갖고 걸을 수 있었다. 이후의 레이스도 함께 뛰다 걷기를 반복했다. 우리에게 순위는 더는 중요하지 않았다. 우린 저녁노을이 지는 하늘을 바라보며 마지막 체크포인트를 향해 달렸다. 날은 쌀쌀했지만 마음은 뜨겁고, 뭉클했다. 체 게바라가 모터사이클을 타고 달렸던 아타카마사막을, 우린 영화 속 한 장면처럼 석양을 등지고 계속 달렸다. 날이 어두워질 무렵 마지막 체크포인트에 도착했다.

"날씨가 다시 추워져. 재킷을 꺼내 입어야 할 것 같은데."

"헤드랜턴도 꺼내야 해."

우리는 서로를 챙겼다.

롱데이는 1박 2일로 진행된다. 밤늦게 도착한 참가자들은 마지막 체크포인트에서 1박을 하고 다음 날 레이스를 이어 갔다. 마지막 체크포인트부터 아타카마 사막에서 가장 아름답다는 달의 계곡이 시작된다. 날이 어두워 희미하게 형상만 보일 뿐 아름다운 풍경은 볼 수 없었다. 여기서 하루 묵는 사람들은 내일 아침 달의 표면 같은 신비로운 풍경을 보게 될 것이다. 하지만 우리는 오늘 레이스를 끝내기로 했다. 달의 계곡을 뒤로 하고 우리는 다음 지점을 향해 달렸다.

달의 계곡은 지구상에서 달의 표면과 가장 비슷하다고 해서 지어진 이름이다. 관광코스로 널리 알려졌을 만큼 아타카마사막을 대표하는 곳이다. 바닥에는 마치 눈이 온 것처럼 하얗게 소금이 쌓여 있다. 어느새 깜깜하게 어둠이 깔렸다. 짙은 어둠이 내린 달의 계곡을 작은 랜턴 불빛으로 의지하며 함께 달렸다. 해가 지자 날이 더 쌀쌀해졌다. 종일 제대로 먹질 못했다. 마지막 남은 초콜릿 칩 과자 봉지를 꺼냈다.

"마크! 조! 프란체스코!"

난 말 없이 같이 달리던 친구들에게 쿠키를 돌렸다. 이건 나에게 남은 마지막 비상식량이었다. 모두 고맙다고 인사했지만 사실 더 고마운 건 나였다. 이들의 배려가 없었다면 레이스를 하지 못했을 것이다. 아침 10시에 출발해 9시간을 넘게 달

©RacingThePlanet

©RacingThePlanet

려 마침내 캠프에 도착했다. 배고프고 많이 힘든 하루였다. 우리의 몰골은 너무나도 처량했다. 우린 다 같이 포옹하며 서로를 격려했다. 힘든 레이스를 같이 하며 우린 더 가까워졌다는 것을 느꼈다. 눈빛만으로도 많은 것을 느낄 수 있는 하루였다.

너무 피곤해서 금방 잠이 들 것 같았는데, 잠은 쉽게 오지 않는다. 발목은 아프고 날은 춥다. 이 발목으로 어떻게 하루를 더 견디나 싶다. 그래도 '큰 고비는 넘겼다'는 생각으로 그나마 위안으로 삼는다.

오늘은 참 많은 것을 느끼게 된 하루였다. 힘든 레이스에서 누군가와 같이한다는 게 얼마나 감사하고 고마운 일인지 깊이 느꼈다. 여유롭게 주위를 둘러보면 멋진 세상을 더 많이 만날 수 있다는 걸 깨달았다. 그동안 순위를 생각하며 너무 앞만 보고 달려온 것 같아 나 자신에게 부끄러웠다. 너무나 길었던 롱데이. 새벽이 오도록 잠을 자지 못했지만, 가슴은 뿌듯했다.

롱데이는 1박 2일로 진행되기 때문에 하루 먼저 들어온 사람은 다음 날 종일 휴식을 취할 수 있다. 캠프 주변을 산책하고 지친 몸과 마음을 추스르며 하루를 보냈다. 발목 통증은 여전했다. '육체적인 고통은 순간이다. 시간이 지나면 모두 사라진다.' 생각하며 스스로 위로했다.

저녁이 되자 대회 진행을 돕는 현지인들이 모닥불을 피워놓고 노래를 부르며 와인 파티를 벌이기 시작했다. 와인의 유혹을 참을 수 없었다. 그들에게 와인 한 잔을 얻어 마셨다. 엄밀히 따지면 이것은 반칙이다. 사막 레이스에서는 자신이 준비한 음식 외에 어떠한 음식의 도움을 받아서는 안 된다. 하지만 나만 얻어 마신 게 아니라는 핑계로 죄를 모면해야겠다.

오늘따라 아타카마의 밤하늘이 유난히 빛난다. 수많은 작은 별이 반짝반짝 빛난다. '별'이 되어버린 체 게바라의 영혼이 자꾸 나를 쳐다보는 것 같다. 밤이 깊다.

우승보다 값진 위대한 멈춤

2003년 프랑스를 사이클로 횡단하는 '투르 드 프랑스' 대회 15구간 경기에서 랜스 암스트롱투르 드 프랑스 7연속 우승자. 금지 약물 복용 사실이 알려져 우승 자격 상실함은 1위로 달리다 넘어지는 사고를 당했다. 바로 뒤따라오던 독일의 얀 울리히그는 이때까지 4년 연속 2위를 했다.는 잠시 멈추고 암스트롱이 일어날 때까지 기다렸다. 결국 암스트롱은 61초 차이로 우승했다. 얀 울리히는 만년 2위 자리에 머물렀다. 암스트롱이 5년 연속 우승이라는 타이틀을 얻은 대신, 얀 울리히는 5년 연속 2위 자리에 만족해야 했다. 하지만 언론과 사람들은 준우승자 얀 울리히에게 환호했다. 우승보다 값진 '위대한 멈춤'이라며 암스트롱이 일어날 때까지 기다려준 그에게 찬사를 보냈다.

이 이야기는 무엇을 의미하는 것일까? 스포츠에선 모두 1등만 기억한다고 하지만, 때로는 1위보다 2위에게 더 큰 박수를 보내는 순간이 있다. 치열한 순위 경쟁을 하지만 때로 스포츠엔 이렇게 가슴 따뜻한 감동의 이야기가 숨어 있다. 아타카마사막 레이스에서 나도 이와 비슷한 경험을 했다.

마지막 레이스는 12km의 짧은 코스였다. 우리는 오늘도 레이스를 함께 했다. 마지막까지 함께 해주는 친구들이 고마워 눈물이 날 것 같았다. 프란체스코를 제외하고 모두 아타카마에서 처음 만났다. 결승선이 가까워지자 이탈리아의 프란체스코가 'SAVE THE CLIMATE : ENERGY REVOLUTION -GREENPEACE-'라고 적힌 깃발을 꺼내 들었다. 깃발을 펼친 후 우리는 함께 손을 잡고 마지막 결승선 통과했다. 함께 달리면서 우리는 어느새 지구의 환경 보호에 관심을 가진 러너가 되어 있었다.

선두그룹이라 카메라 불빛이 쏟아졌다. 우린 서로를 얼싸안으며 한참을 그렇게 서 있었다. 우승한 것보다 더 기뻤다. 눈물이 흘러내렸다. 친구들에 대한 고마움과 나 자신에 대한 감사의 눈물이었다. 머나먼 이국땅에서 처음 만난 친구들과 사막을 달리며 '일등'이 아닌 '우정'을 선물로 얻었다. 아타카마사막에서 나는 조금 더 인간다워졌다.

©RacingThePlanet

©RacingThePlanet

가자,
펭귄의 왕국으로

남극 마라톤 130km

ANTARCTICA

이제, 하나 남았다. 남극 마라톤만 완주하면 '사막 마라톤 그랜드슬램'을 이룬다. 게다가 한국 최초다. 첫사랑만큼이나 나를 들뜨게 하는 곳, 빙하와 펭귄을 상상하는 것만으로도 가슴이 벅차오르는 곳. 나는 곧 남극으로 간다.

사막 마라톤 그랜드슬램을 위하여

사하라, 고비, 아타카마. 이곳이 오지라면 남극은 극지다. 지구의 끝이다. 지금까지 겪은 추위는 아무것도 아닐 것이다. 그런데 이상했다. 추위와 극지라는 두려움 대신 난생 '처음' 남극에 간다는 설렘이 훨씬 컸다. '처음' 가는 그곳에서, 한국의 '첫 번째' 그랜드슬래머가 되고 싶었다. 참가 신청서를 작성하고, 참가비를 입금하고, 항공기 티켓을 구매하고……. 일이 하나씩 진척될 때마다 콩닥콩닥 가슴이 뛰었다. 어릴 적 소풍 갈 때의 설렘? 그건 비할 바가 아니었다.

남극의 전초기지는 칠레의 푼타아레나스Punta arenas와 아르헨티나의 우수아이아Ushuaia에 있다. 우리는 우수아이아를 거쳐 가기로 했다. 남극으로 가는 길은 멀고 험하다. 이무웅, 김성관, 이동욱, 유지성 등 다른 참가자 네 명과 함께 11월 말 인천공항을 출발했다. 비행기는 14시간 만에 미국 뉴욕 JFK 공항에 우리를 내려주었다. 14시간이나 왔는데 이제 시작이다. 뉴욕에서 마이애미를 경유해 아르헨티나로 향했다. 다시 15시간을 날았다. 남미의 파리, 와인과 탱고의 도시, 에바 페론의 슬픈 영혼이 흐르는 도시. 드디어 아르헨티나 부에노스아이레스에 도착했다.

"뭐야? 짐이 없어졌다고?"

하지만 우리는 이 멋진 도시의 향기를 조금도 느낄 수 없었다. 남극을 향한 설렘도 몽땅 사라졌다. 우리의 짐이 도착하지 않았다.

"어떡하지?"

두 시간 후에 우리는 우수아이아행 비행기를 타야 한다. 머릿속에서 별의별 생각이 다 떠올랐다.

"방법이 없어. 그냥 가자."

아르헨티나는 11월부터 2월까지가 여름 성수기다. 예약한 비행기를 놓치면 남극이고 뭐고 모든 게 물거품이다. 우리는 짐을 포기하기로 했다. 우리는 급히 택시를 타고 국내선 공항으로 이동했다. 부에노스아이레스에서 다시 3시간 날아가 '세상의 끝' 우수아이아에 도착했다. 우수아이아는 남아메리카의 남쪽 끝 티에라 델 푸

에고Tierra del fuego 섬에 있는 아르헨티나 최남단 항구도시이다. 우리로 치면 제주도의 서귀포 같은 곳이다. 도시 전체가 한눈에 들어오는, 작지만 깨끗하고 소박한 도시다. 서울에서 우수아이아까지는 17,000km. 꼬박 이틀 동안 이동했지만, 아직도 남극은 멀리에 있다.

나는 가방 한 개를 잃어버렸다. 다른 참가자들도 나와 비슷했다. 미국 항공사에선 아무 연락이 없다. 짐이 언제 도착할지 알 수 없었다. 자꾸 조바심이 났다. '17,000km를 날아왔는데. 이러다 남극에 못 가는 거 아닌가?' 우리는 짐을 포기하기로 했다. 이렇게 결정하고 나자 마음이 홀가분했다. 필요한 장비를 다시 사고 나자 그제야 다시 남극이 그리웠다. 몇 시간 후 우리는 군함을 개조해 만든 작은 유람선 앤타르티카 드림Antarctica Dream에 몸을 실었다. 앤타르티카 드림 호는 뱃고동을 크게 울리며 남극의 바다로 항해를 시작했다. 아, 남극! 다시 심장이 뛰고 있었다.

일촉즉발, 유람선이 종이배처럼 흔들린다

남극 레이스는 사막 마라톤 '그랜드슬램'의 마지막 대회이다. 고비 사막 이집트 사하라 사막 그리고 칠레 아타카마 사막을 완주한 사람에게만 참가 기회가 주어진다. 대회 주최 측은 이번 행사에 '마지막 사막'Last Desert이라는 타이틀을 붙였다. 남극 레이스에 참가한 사람들은 대부분 안면이 있었다. 이탈리아의 프란체스코도 그중 하나이다. 그는 남극 레이스 동안 나의 룸메이트였다.

출항 얼마 후 선장과 선원을 소개했다. 배 안에서 지켜야 할 안전 규칙과 남극 체류의 전체적인 일정도 설명해줬다. 곧 저녁 식사가 이어졌다. 오랜 비행의 피곤함과 잃어버린 짐을 잊고 와인과 만찬을 즐겼다.

얼마나 지났을까. 유람선이 심하게 흔들려 잠에서 깼다. 머리가 어지러웠다. 침대에서 일어나 정신을 차리려는 사이, 금세 구토 증세가 일어났다. 화장실로 달려갔다.

"우웩." 몇 번 구토 했고, 어지럼증에 시달렸다. 침대에 누워있는 일 말고 배 안에서 할 수 있는 일이 없었다. 갑자기, 배가 심하게 기우뚱거렸다. 침대와 탁자 위에 있는 물건들이 모두 바닥으로 떨어졌다. '배가 뒤집히는 건 아닐까?' 두려움이 몰려왔다. 난 기울어지는 침대에서 떨어지지 않으려고 발버둥 치고 있었다. 동그란 창문으로 무섭게 치는 파도를 보았다. 아, 어쩌나. 48시간, 이틀이나 배를 타야 하는데……. 다음 날까지 식사를 하지 못했다. 약을 먹고 종일 누워있었다. 창문으로 본 파도는 여전히 높았다. 회색빛 눈보라까지 휘몰아치고 있었다. 엎친 데 덮친 격이었다. 심란한 마음을 진정시키며 잠을 청했다. 얼마를 누워있었는지 모르겠다. 잠에서 깼다. 정신을 차리고 보니, 이상했다. 배가 흔들리지 않는다. 어지럼증도 멈췄다. 얼른 동그란 창문으로 밖을 살폈다. 햇빛이 쨍쨍하다. 게다가 바다는 호수처럼 잔잔하다. '아니, 어떻게!' 잠자는 사이 다른 세계에 와있었다. 나는 서둘러 갑판으로 나갔다. 하늘은 맑고, 바다는 끝이 없다. 바다와 하늘, 보이는 건 딱 그것뿐이다. 풍경이 비현실적일 만큼 미니멀했다. 나는 하늘과 바다가 만나는 수평선을 한참 바라보았다. 그제야 평정심이 돌아왔다. 하지만 몸이 문제였다. 제대로 먹지 못하고 멀미와 구토를 심하게 한 탓에 배와 다리에 힘이 없었다. 다시 침대로 돌아와 누웠다. 40시간의 비행과 30시간의 뱃멀미. 사투의 70시간이었다. 마라톤은커녕 남극에 도착하기 전에 나는 완전히 지쳐 있었다. 남극으로 가는 길은 멀고 험했다. 이것은 여행이 아니라 '원정'이었다.

유람선은 남태평양과 남대서양 사이에 있는 드레이크 해협Drake Passage을 지나고 있었다. 아직 열 시간 넘게 더 가야 한다. 그래도 조금씩 남극을 느낄 수 있었다. 얼마를 더 가자 유빙 조각이 하나둘 보이기 시작했다. 짙푸른 바다와 에메랄드빛 유빙. 같은 푸른색인데 색 대비가 선명하게 아름답다. 간혹 큰 유빙 위에 펭귄들이 앉아있다. 그 모습은 며칠 동안의 고생을 잊게 할 만큼 신비롭고 아름다웠다. 남극의 신비로운 풍광을 맘껏 즐기며 나는 몸을 추슬렀다.

조금씩 남극을 느낄 수 있었다. 얼마를 더 가자 유빙 조각이 하나둘 보이기 시작했다. 짙푸른 바다와 에메랄드빛 유빙. 간혹 큰 유빙 위에 펭귄들이 앉아있다. 그 모습은 며칠 동안의 고생을 잊게 할 만큼 신비롭고 아름다웠다.

"남극 어때요?"
"좋네요. 바다와 하얀 눈만 보이네요. 서울과 너무 달라요. 유빙 조각도 너무 신비롭네요."
동행한 이동욱 선생님이 탄성을 지른다.
"유빙과 펭귄을 빼면 제주도도 이렇지 않나요? 눈이 내리면 여기와 비슷하지 않나요?
김성관 선생님은 이렇게 말씀하면서도 처음 경험하는 남극의 신비로움에 연신 사진기를 눌러대고 있었다.
"생각보다 춥지 않아. 지금 여기는 여름이고 기온은 0도. 여기까지 온 보람 있어. 이제 멋진 도전이 우리를 기다리고 있는 거야." 미국에서 온 조가 기대감을 내비쳤다.

경쟁하지 말고 남극을 즐기자

남극 레이스는 남위 60도에서 70도 사이에 있는 섬을 이동하면서 진행된다. 유람선에서 내려 작은 고무보트 조디악Zodiac에 올랐다. 펭귄으로 가득한 아이초섬Aitcho Island에 도착했다. 11월 말 남극의 밤은 짧았다. 밤 11시가 넘어야 어두워졌고 새벽 2시면 해가 떴다. 대회 첫날엔 운이 좋게도 황홀한 일출을 구경했다. 남극에 머무르는 10일 동안 맑은 날은 이틀도 채 되지 않았다. 회색빛 하늘과 반복되는 눈보라. 내가 본 남극은 8할이 이랬다.
새벽 3시, 이미 날이 훤히 밝았다.
"여러분은 이미 세계 여러 나라의 사막을 달렸습니다. 하지만 여기는 더운 사막이 아니라 눈과 펭귄이 있는 남극입니다. 이제 여러분은 '마지막 사막' 남극을 달리게 될 것입니다. 그랜드슬램의 마지막 코스를 맘껏 즐기시기를 바랍니다."
대회 운영자인 메리의 브리핑이 끝난 후 남극 레이스가 시작됐다. 고요하고 평화로운 새벽, 아름다운 일출과 새하얀 눈의 왕국. 남극은 확실히 다른 세상이었다. 달

리면서도 현실감이 들지 않았다. 첫날 코스는 8시간 동안 같은 코스를 반복해서 달렸다. 위험한 지형이 많고, 기상 변화가 심해 장거리 코스를 진행할 수 없었다. '8시간을 달려야 한다'는 걱정보다 '처음으로 남극 땅을 밟는다'는 설렘과 기쁨이 더 컸다. 셀 수 없을 만큼 많은 펭귄 무리, 눈이 부시게 빛나는 하얀 세상. 눈이 시리도록 푸른 바다. 더 무엇이 필요할까. 펭귄과 신비로운 풍광을 더불어 즐기는 것만으로도 순간순간이 너무나 행복했다.

결승선을 1시간쯤 남겨놓고 날씨가 급변했다. 갑자기 블리자드Blizzard가 몰아쳤다. 블리자드는 풍속 14m/s 이상의 강풍을 말한다. 강렬한 바람과 추위였다. 한 치 앞도 보이지 않는 눈보라와 강풍이 계속 몰아닥쳤다. 블리자드의 위력은 정말 강력했다. 화창했던 조금 전 날씨와 너무 대비돼 어안이 벙벙해졌다. 고글, 마스크, 방풍 재킷도 블리자드의 위력을 다 막아내지는 못했다. 겨우 레이스를 끝냈다. 앤타르티카 드림 호에 오르고 나서야 몸을 녹일 수 있었다. 남극에서 마시는 커피는 따뜻하고 짜릿했다.

두 번째와 세 번째 레이스는 야간에 진행됐다. 하지만 컴컴한 밤은 아니다. 하얀 눈이 반사되면 하늘에 달이 뜬 것처럼 남극에 밝은 빛이 가득하다. 새벽안개가 낀 듯 분위기가 묘하고 신비롭다. 가끔 눈이 내렸지만 바람이 없어 바닷속처럼 고요하다. 너무나 평화롭다.

"뽀드득, 뽀드득."

"까르륵~, 까르륵~."

선두는 이탈리아의 프란체스코와 미국의 조였다. 나는 그 뒤를 달리고 있었다. 러너의 발걸음 소리와 가끔 들려오는 펭귄 울음소리가 침묵과 뒤섞인다. 저건 소음이 아니라 음악 같다. 침묵과 소리의 변주. 눈과 고요가 내려앉은 새벽녘, 남극을 달리는 건 고통이 아닌 평화로움이었다.

레이스가 끝나면 다시 배로 이동했다. 달릴 때를 빼고는 전부 배에서 생활했다. 아름다운 풍경도 매일 반복되면 조금 지루해진다.

"프란체스코! 맥주 한잔하러 가자!"
"굿 아이디어!"
레이스가 끝나면 종종 바에서 맥주와 와인을 마시며 지루함을 달랜다. 유람선엔 다른 관광객들도 타고 있었다. 매일 달리기를 하는 우리를 신기하게 바라보던 그들과 어느새 친구가 되었다.
"이렇게 추운 곳에서 달리다니. 당신들 정말 놀랍군요. 이렇게 직접 보지 않았다면 믿을 수 없었을 것 같아요."
사람들은 남극에서 마라톤을 하는 것 자체를 신기하게 생각했다.
"내일은 배에서 내려 같이 달리는 게 어떨까요?"
내가 한마디 건넸다.
"아니요. 저는 추운 게 싫어요. 당신들이 달리는 걸 구경하는 것만으로도 춥게 느껴져요. 따뜻한 배 안에서 커피 한잔하는 게 더 행복할 것 같아요"
나는 그들에게 말해주고 싶었다. '남극을 달리는 게 얼마나 매력적인지 당신은 모르시는군요.'

네 번째 레이스는 큐버빌섬Cuverville Island 산 위에서 진행되었다. 보트를 타고 섬으로 이동한 후 다시 1시간 넘게 산을 올랐다. 무릎까지 빠지는 설산을 오르는 사이 체력이 많이 소모됐다. 11월 말이지만 남극은 초여름이다. 햇빛이 비치는 화창한 날엔 기온이 영상으로 올라갔다. 이미 순위도 어느 정도 정해졌다. 선두 그룹도 순위를 경쟁하기보다 남극의 레이스를 즐기는 쪽으로 분위기가 바뀌었다. 이날은 남극에 머무르는 동안 날씨가 가장 맑고 따뜻했다. 산 위에서 바라본 풍경은 어떤 단어로도 표현할 수 없을 만큼 청명하고 아름다웠다.
남극에서는 날씨에 따라 눈 색깔도 달라진다. 하얀 눈 위에 햇빛이 비치면 마치 보석처럼 에메랄드빛으로 변한다. 햇빛에 반사되는 푸른 바다와 빙산 조각들, 눈이 부시도록 파란 하늘과 앙증맞은 펭귄들. 너무 황홀했다.

1

신비로 가득한 눈과 펭귄의 왕국

레이스가 없는 날, 펭귄 섬을 구경했다. 알을 품고 있는 펭귄, 추위에 떨고 있는 펭귄, 무언가를 기다리는 듯 소리를 지르는 펭귄. 섬에는 펭귄이 가득했다. 말 그대로 펭귄 섬이었다. 펭귄들은 우리가 다가가도 도망가지 않았고 오히려 사람들을 따라다녔다. 남극에서는 펭귄 보호를 위한 몇 가지 규칙이 있다. 펭귄 근처 5m 이내는 접근 금지다. 레이스 중에도 펭귄이 나타나면 지나갈 때까지 기다려야 한다. 룰을 지키려면 오히려 사람들이 펭귄을 피해 도망 다녀야 한다.

마지막 레이스는 디셉션섬Deception Island에서 진행됐다. 새벽부터 몰아치는 강풍에 첫날 만났던 블리자드가 떠올랐다. 남극에서의 날씨는 한 치 앞도 내다볼 수 없다. 보트를 타고 높은 파도를 헤쳐 마지막 코스로 이동했다. 파도는 금방이라도 작은 고무보트를 덮칠 것처럼 높았다. '설마 보트가 뒤집히는 건 아니겠지.' 구명조끼는 입고 있었지만 이렇게 추운 날 남극의 바다에 빠지고 싶지는 않았다.

레이스가 시작되자 바람이 더 거세졌다. 바람은 고글과 마스크, 방풍 재킷을 무색하게 만들었다. 옷깃을 더 깊게 여미고, 그것도 모자라 옷을 꽉 말아 쥐고 남극의 바닷가를 달렸다. 그렇게 몇 시간을 달렸다. 이제 곧 레이스가 끝난다. 칠레의 아타카마 사막 마라톤에서 그랬던 것처럼, 선두 그룹은 모두 손을 잡고 남극에서의 마지막 레이스를 함께 끝냈다.

남극 마라톤은 완전히 다른 마라톤이었다. 사막 마라톤이 모래언덕과 모래폭풍, 진흙밭과 협곡, 얼음처럼 차가운 물, 송곳같이 뾰족한 소금밭이 고통을 주었다면 남극에선 눈보라, 블리자드가 길을 막았다. 추위와 무릎까지 빠지는 눈도 발길을 잡았다. 그래도 즐거웠다. 가는 길에는 '미지의 세계'에 대한 기대감으로 가득했다. 레이스 현장에선 순위 경쟁보다 어디에서도 구경할 수 없는 남극의 신비로움을, 황홀감을 즐겨야겠다는 생각이 훨씬 컸다. 설렘과 흥분을 안고 다가간 그곳은 정말 신비로 가득한 눈과 펭귄의 왕국이었다.

특별한 인터뷰

당신에게 그랜드슬램이란?

4개의 사막 마라톤은 내게 다른 세상을 알려주었다. 남극 대회를 마치고 우수아이아로 돌아오는 길. 배 안에서 조와 프란체스코에 게 몇 가지 질문을 던졌다. 4개의 사막을 완주하고 난 뒤, 뭔가를 정리하고 싶다는 생각이 들었다. 이 인터뷰는 사막 레이스를 같이 한 우리들의 자축 인사 같은 것이다.

"모든 레이스 과정이 감동이었어"

조 홀랜드 Jo Holland

조 홀랜드는 미국 스키 국가대표 선수 출신이다. 올림픽에 나가 8위까지 기록했다. 사하라, 아타카마, 남극에서 나와 함께 달렸다. 조는 사람들과의 우정을 중요시하고 다른 외국인에 비해 정이 많았다. 먼 훗날 다시 만나면 와인잔을 부딪치며 사막 마라톤의 소중한 추억을 밤새 얘기할 수 있을 것 같다.

우승을 축하해! 우승을 할 수 있었던 비결이 뭐 같아?

여기에는 훌륭한 선수들이 아주 많아. 특히 프란체스코는 아주 빨라. 다만 나는 그보다 눈과 관련된 경기에 더 많은 경험을 했어. 눈을 더 잘 해석할 수 있다고 할까? 그게 우승 비결이라고 생각해.

너는 왜 트레일런에 매력을 느끼는 거야?

좋은 질문이야. 트레일런은 무척 힘들고 많은 것을 요구해. 이런 대회가 육체적으로 아주 힘든 건 사실이지만, 삶에서 겪는 일이나 일상의 스트레스에 비해서는 정신적 휴가라고 생각해. 며칠을 같이 달리고, 텐트에서 같이 지내면서 서로에 대해 알아가는 과정은 정말 감동적이었어. 달리면서 우리는 좋은 친구들이 되었잖아.

4대 사막 마라톤을 완주했는데, 마지막 마라톤을 완주했을 때 느낌은 어땠어?

그래, 우리는 4대 사막 마라톤을 완주했어. 기쁨과 슬픔을 함께 갖고 있지. 난 우리의 우정이 이것으로 끝이 아닐 거로 생각해. 나는 모두와 계속 연락하며 지내고 싶어. 굉장한 도전을 완성했다는 것이 너무 흥분되고 행복해. 또 좀 슬프기도 해. 다들 일상으로 돌아가게 되겠지. 언젠가 함께 다시 만나기를 원해. 먼 훗날 나이가 들어 다 같이 모여 사진도 함께 보고, 얼마나 감동적인 시간을 보냈는지, 웃으며 이야기할 수 있으면 좋겠어.

지금까지의 경기를 통해 느낀 건 뭐야?

4대 사막 마라톤이 내 인생에서 갖는 의미는, 내 삶의 울타리가 얼마나 작은가를 느꼈다는 거야. 우리는 다른 나라에서 온 사람들과 다양한 사막, 그리고 세상 가장 먼 남극까지 달렸어. 나의 일상이 작다는 걸 깨달았어. 또 이 경기들은 사람이 얼마나 비슷한지, 우리가 얼마나 서로를 좋아하는지, 어떻게 하나의 행복한 가족이 될 수 있는지를 가르쳐 줬어. 함께 한 선수들과 레이스를 견뎌냈던 과정 자체가 모두에게 큰 감동이었다고 생각해.

“달나라에 먼저 가서 너를 기다릴게”

프란체스코 갈란지노 Francesco Galanzino

고비사막에서 프란체스코 갈란지노를 처음 만났다. 우린 우승을 놓고 경쟁했다. 이후 4대 사막 레이스를 함께 했다. 사막 마라톤 경험이 많은 그는 늘 부족한 나를 챙겨주며 '아빠'이자 가장 친한 친구가 되어주었다. 그는 이탈리아 밀라노에서 가족과 함께 살고 있다. 환경문제에도 관심이 많은 그는 대회에 참가할 때마다 늘 그린피스 깃발을 들고 달린다. 몇 해 전, 이탈리아에 갔을 때 그의 집에서 며칠 머물렀는데 아침마다 그의 친구들과 이탈리아 시골 마을을 함께 달렸다. 소박하고 행복한 추억이다.

달리기를 시작한 후 인생이 어떻게 바뀌었어?
나는 더 강해졌어. 그전엔 등산을 주로 했는데, 마라톤 경기를 시작하면서 그때보다 더 강해졌지. 달리기를 만난 건 행운이야.

달리기를 통해 무엇을 얻었지?
나 자신이 성장한다는 걸 느껴. 나는 정말 운이 좋은 편이야. 한국인 친구 안과 전 세계를 달렸어. 정말 좋은 경험이었지. 지금 마지막 사막 경기인 남극에 있다는 게 너무 기뻐!

왜 이런 극한 레이스에 참가하는 거야?
나는 이런 경기가 좋아. 이 경기는 전 세계에서 '가장 바람이 강한 사막', '가장 건조한 사막', '가장 뜨거운 사막', '가장 추운 사막'을 뛰는 것이지. 나는 너와 함께 고비사막, 아타카마사막, 사하라사막, 남극을 달렸어. 우리는 지금 남극 마라톤을 끝으로 4대 사막 시리즈를 마침내 끝낸 거야! 굉장하지 않니?

가장 좋았던 경기를 꼽으라면?
아타카마사막을 최고의 경기로 꼽고 싶어. 계곡, 얼음, 강, 모래, 소금사막 등을 비롯해 서로 다른 지형을 경험할 수 있었지. 정말 힘든 경기였고 그렇게 어려운 경기는 해본 적이 없어.

4대 사막 레이스를 끝냈을 때의 기분은 어땠어?
정말 굉장해. 나는 정말 행운아야. 내가 지금보다 무얼 더 가질 수 있을까. 달나라에라도 갈 수 있을 것 같은 심정이야. 달에 가서 너를 기다려야겠어. (웃음)

STAGE 3

북극점에서
인류의 고향 칼라하리까지

드라마는 계속돼야 한다

베트남 정글 레이스 235km

남극 마라톤을 완주하면서 한국인 최초 '사막 마라톤 그랜드슬래머'라는 타이틀을 얻었다. 하지만 그것은 내 달리기 인생의 완성이 아니라 새로운 달리기의 시작이었다. 달리기 인생 2막을 위해 베트남 정글로 향했다.

새로운 도전을 시작하다

남극 마라톤을 마지막으로 4개의 사막을 완주하겠다는 꿈이 모두 이루어졌다. 불가능할 것 같았던 꿈을 이루고 나니 잠시 기분이 먹먹했다. 4개의 사막 마라톤을 완주하고 나면 더는 달리고 싶은 욕망이 사라질까, 내심 걱정했다. 다행히 그런 일은 일어나지 않았다. '사막 마라톤 그랜드슬램'은 나에겐 소중한 영광의 기록이다. 하지만 그것이 나의 달리기 인생의 완결을 뜻하는 것은 아니었다. 그것은 달리기 인생의 1막이 이제 막 끝났음을 알려주는 동시에 머지않아 2막의 시작을 알려주는 신호 같은 것이었다.

달릴수록 새로운 꿈이 생겼다. 지금까지 경험하지 못했던 새로운 도전을 하고 싶었다. 더 많은 곳으로 떠나고 싶었고, 더 많은 곳을 달리고 싶었다. 처음 제주에서 5km를 달리지 않았다면 세울 수 없었을 목표가, '그랜드슬램'을 이루지 못했다면 상상할 수 없었을 꿈이 마음속에서 무럭무럭 자라고 있었다. 나는 새로운 꿈을 위해 베트남을 선택했다.

정글 레이스 235km. 나는 다시 가방을 꾸렸다. 대회가 열리는 곳은 베트남 북서쪽 끝 산악지대 사파Sapa였다. 수도 하노이에서 300km 넘게 떨어져 있지만, 할롱베이와 더불어 베트남 북부의 유명 관광지로 꼽힌다. 베트남 북부 산악지대에는 다양한 소수 민족이 살고 있었다. 산 위나 계곡을 따라 마을이 형성되어 있었다. 바나나 나무와 우거진 수풀, 대나무와 짚을 엮어 지은 집들이 영화에서 보던 밀림 풍경 그대로였다.

대회 장소로 가는 길은 쉽지 않았다. 베트남 하노이에서 사파까지 야간열차로 8시간 넘게 달리고, 다시 몇 시간 버스를 타고 짙은 안개와 꼬불꼬불 산악지대를 통과해서야 대회 장소에 도착했다. 이번 대회도 다른 사막 레이스처럼 일주일간 음식과 개인 장비를 메고 달려야 한다. 게다가 첫날부터 105km를 달리는 롱데이 코스가 기다리고 있다. 10kg에 가까운 배낭과 카메라까지 들고 달려야 한다는 부담도 컸다.

> 자신이 하고 싶은 일을 하며 살고 있다면 그건 행복한 삶일 것이다.
> 비록 순간순간 육체적 고통과 외로움을 느끼기도 하지만,
> 이런 감정까지 느끼면서 살아가는 것 자체가 기쁨이고 행복이었다.

내가 달리기를 멈출 수 없는 까닭은?

아침 10시. 안개비를 맞으며 레이스를 시작했다. 종일 비를 맞으며 달렸다. 그렇게 11시간 넘게 달렸다. 온종일 안개비를 맞으며 산을 넘고 고산 마을을 지났다. 어둠이 내린 뒤에도 레이스는 이어졌다. 밤 9시를 넘겨 힘든 롱데이 코스를 겨우 끝냈다. 첫날부터 몸이 말이 아니다. 롱데이 코스가 1박 2일 일정이라 하루 휴식을 취할 수 있었다. 날씨는 조금 흐렸지만 그래도 간간이 햇빛을 볼 수 있었다. 옷과 배낭, 신발 등 어제 젖은 장비를 말리며 하루를 보냈다.

두 번째, 세 번째 코스에서도 비와 안갯속을 달렸다. 비교적 평범한 코스였지만 험준한 산악지형인 데다가 비 때문에 길이 대부분 진흙탕으로 변해버린 터라 달리는 일이 만만치 않았다. 다른 선두그룹은 비와 안개가 내리는 열대 우림 지역을 달리다 길을 잃고 몇 시간을 헤매기도 했다. 미끄러지고 진흙에 빠지고 조금은 짜증까지 났다. 진흙탕을 구르는 선수도 한둘이 아니었다. 그 모습을 바라보다가 혼자 웃음을 짓기도 했다. 저들도 나처럼 모험과 도전이 좋아 참가했겠지만 사서 하는 고생이 이만저만이 아니었다. '니들도 참 고생이다.' 나는 혼자 중얼거리며 달렸다. 그래도 후반으로 갈수록 적응이 되었다. 나중에는 신선함을 느끼며 달렸다. 사막의 건조함과 뜨거운 태양이 그곳엔 없었다. 덥고 습했지만, 그래도 산악지대의 신선한 공기는 피곤함을 달래주었다.

힘든 도전을 왜 사서 하는가? 나도 가슴이 뜨거워지는 일을 하고 싶었다. 며칠 동

내 가슴이 시키는 일을 하며, 순간순간 뜨겁게 사는 게 기쁘고 행복했다.
나는 달리는 게 좋다. 도전하는 모험을 즐기는 삶이 행복하다.
그래서 나는, 달리기를 멈출 수 없다.

안 열대 정글을 달리며 내가 묻고 스스로 답했다. 여행가 한비야가 쓴 글귀도 떠올랐다. "세상이 만들어 놓은 한계와 틀 안에서만 살 수는 없었다." 나도 딱 그런 심정이었다. 한계와 틀을 벗어나 내가 꿈꾸는 삶을 살고 싶었다. 내 마음이 가는 대로 후회 없이 살고 싶었다. 내 삶은 누군가 대신해줄 수 없다. 내가 창조하고, 내가 가꾸어 가는 삶. 내가 원하는 인생은 이런 것이었다.

자신이 하고 싶은 일을 하며 살고 있다면 그건 행복한 삶일 것이다. 비록 순간순간 육체적 고통과 외로움을 느끼기도 하지만, 이런 감정까지 느끼면서 살아가는 것 자체가 기쁨이고 행복이었다. 내 가슴이 시키는 일을 하며, 순간순간 뜨겁게 사는 게 기쁘고 행복했다. 나는 달리는 게 좋다. 도전하는 모험을 즐기는 삶이 행복하다. 그래서 나는, 달리기를 멈출 수 없다.

I traveled each and every highway
And more, much more than this
I did it my way
나는 정말 많은 것을 경험하며 돌아다녔지만
그보다 훨씬 더 굉장했던 것은
난 항상 내 방식대로 살았다는 거야
—My way 중에서

세상에서
가장 추운 마라톤

북극점 마라톤 42km

THE NORTH POLE

몇 해 전 나는 세상에서 가장 '뜨거운' 사하라를 달렸다. 가장 '건조한' 아타카마사막도 달렸다. 울트라 마라톤 그랜드슬램을 달성한 뒤엔 가장 '습한' 정글을 달렸다. 이번에는 가장 '추운' 북극을 달리고 싶었다.

ove Jeju
JDC
THE NORTH FACE

이제는 북극이다

사하라는 한낮 기온이 섭씨 50도가 넘는다. 극한의 더위를 경험했으니, 극한 추위도 경험하고 싶었다. 북극은 단순히 일상 탈출을 꿈꾸며 찾아갈 수 있는 곳이 아니다. 수많은 탐험가가 목숨을 걸고 나섰던 곳이다. 나는 북극에 도전하고 싶었다. 북위 66도 이상을 우리는 북극권이라 부른다. 남극과 북극이 다른 점은 남극은 대륙이고 북극은 바다라는 점이다. 북극권 대부분은 '북극해'이다. '북극점 마라톤'은 이 얼음으로 이루어진 바다, 즉 빙하 위를 달리는 것이다.

'북극이 사라진다'라는 표현은 지구 온난화로 빙하가 녹고 있다는 뜻이다. 언젠가는 사라질지도 모르는 곳에서 마라톤을 한다는 것은 또 다른 설렘이고 모험이다. 또 한편으로는 '언젠가 사라져 버릴지 모른다'라는 표현으로 짐작할 수 있듯, 북극에 가는 것 그 자체가 '침입자'이자 '파괴자'가 된다는 뜻이기도 하다. 나의 온기가 북극을 사라지게 한다고? 나는 잠시, 작은 딜레마에 빠졌으나, 겸손한 침입자가 되기로 했다.

'북극점 마라톤'은 2002년 아일랜드의 리처드 도너반이 세계에서 처음으로 남극과 북극점 마라톤을 완주하고 난 후 만들었다. 2003년부터 지금까지 정기적으로 운영되고 있으며, 기네스북은 '세계에서 가장 추운 마라톤'으로 기록하고 있다. 북극점 마라톤 대회는 북위 89도에서 북위 90도 사이에서 열린다. 노르웨이 북쪽 끝 소도시 트롬스에서 비행기로 1시간 35분 거리에 있는 스발바르 제도Svalbard Island의 롱이어비엔Longyearbyen에서 모인 후 대회 주최 측에서 마련한 소형 항공기를 타고 대회 장소로 이동한다. 스발바르 제도는 면적의 80% 이상이 빙하로 덮여 있다. 스피츠베르겐Spitsbergen을 포함한 여러 개의 크고 작은 섬으로 이루어져 있다.

BLOMSTER
U-253

세계 최북단 도시로 가다

노르웨이의 오슬로 공항. 이곳에서 참가자 미팅 장소인 롱이어비엔으로 가려면 네 시간 넘게 비행기를 타야 한다. 북쪽 도시인 트롬스의 공항을 경유하는데 비행기 출발이 지연됐다. 몇 시간 지연 후 비행기는 트롬스 공항을 거쳐 오후 5시가 넘은 시간, 롱이어비엔에 도착했다. 북위 78도, 롱이어비엔은 세계에서 가장 북쪽에 있는 작은 도시다. 하늘은 푸르고, 구름은 아름다웠으나 날은 몹시 추웠다. 한국엔 봄꽃이 피었는데 이곳은 영하 10도이다. 영하 20도까지 내려가는 날도 많다고 했다. 긴 여정에 추위까지 겹쳐 몸이 천근만근이었다. 저녁 9시가 넘자 해가 지기 시작했다. 짐을 대충 정리한 뒤 깊은 잠에 빠져들었다.

창밖이 밝아 눈을 떴다. 이런! 새벽 4시인데 해가 뜨고 있다. 폭설이 내리고 있었다. 북극의 도시답게 롱이어비엔은 눈과 얼음으로 덮여 있다. 바다도 얼음이고 도로도, 멀리 보이는 산도 모두 얼음으로 덮여 있다. 추위를 무릅쓰고 운동하러 밖으로 나왔다. 간혹 이 도시의 교통수단인 '스노 오토바이'가 지나간다. 호텔로 돌아오는 길엔 개 썰매도 보았다. 여기는 '겨울 왕국'이었다.
365일 겨울일 것 같은 이곳에도 여름이 있다고 한다. 그리 길지는 않지만 기온이 영상으로 오르고 풀과 여러 가지 꽃도 구경할 수 있다고 한다. 롱이어비엔은 걸어서 30분이면 마을을 다 구경할 수 있을 만큼 작은 도시이다. 하지만 북극으로 가는 관문이면서 가장 북쪽에 있는 도시라는 상징성 때문에 관광객이 많이 찾는다. 예전에는 석탄이 많이 나와 탄광촌으로 유명했다고 한다. 2008년 스피츠베르겐섬에 세계 식물 종자 저장고를 설치했다. 얼음 동굴 속에 우리나라 벼를 비롯한 세계 여러 나라의 식물 종자를 저장해 놓았다. 홍수, 태풍, 소행성 충돌 등 지구에 큰 재앙이 닥쳤을 때를 대비한 것이다.

롱이어비엔에 온 지 이틀이 지났다. 대회 장소로 이동하는 날인데 눈보라가 심해

며칠째 계속 폭설이 이어졌다. 세상에서 가장 추운 마라톤 대회에 참가하기 위해 북극까지 왔지만, 며칠째 따뜻한 호텔에 머무는 날이 이어졌다. 지금까지 기상악화로 대회가 취소된 적은 없었다. 나는 이 사실에 희망을 걸기로 했다.

비행기가 뜨지 못했다. 러시아 스태프들이 먼저 도착해 캠프를 설치하려던 계획도 취소되었다. 다음 날에도 눈은 그치지 않았다. 제설 작업도 늦어졌다. 마라톤 대회가 또 미뤄졌다. 숙박비는 주최 측에서 해결해 줬지만, 일정이 지연돼 50만 원이 넘는 오슬로행 비행기 표를 다시 끊었다. 노르웨이는 물가가 비싸기로 유명한 나라다. 여기는 극지방이라 물가가 더 비싸다. 작은 호텔이지만 방 하나에 40만 원이 넘는다. 500리터 물 한 병에 4~5천 원, 식사 한 끼에 2~3만 원이 보통이다. 경기가 미뤄질수록 선수도, 주최 측도 큰 부담이다. 마라톤 대회는 4일째 지연되고 있었다. 몇몇 선수는 대회를 포기하고 집으로 돌아갔다. 함께 갔던 친동생도 다른 일정이 있어서 먼저 비행기에 올랐다. 그는 동생이지만 내가 도움받을 때가 많았다. 마지막까지 함께 하고 싶었는데…….

며칠째 계속 폭설이 이어졌다. 불안했다. 선수들 사이에서 대회가 취소될지 모른다는 얘기가 오갔다. 지금까지 기상악화로 대회가 취소된 적은 없었다. 나는 이 사실에 희망을 걸기로 했다. 세상에서 가장 추운 마라톤 대회에 참가하기 위해 북극까지 왔지만, 며칠째 따뜻한 호텔에 머무는 날이 이어졌다.

북위 90도, 마침내 북극점에 서다

북극에 온 지 일주일 만에 눈이 그쳤다. 도착 다음 날부터 폭설이 내렸으니까 대회는 정확히 6일 지연됐다. 새벽 2시, 대회 장소로 가는 비행기에 올랐다. 난생처음 북극점에 간다는 생각에 가슴이 떨렸다. 새벽이지만 북위 89도에는 백야 현상으로 태양이 밝게 비치고 있었다. 초봄부터 백야라니! 하늘에서 바라본 북극은 온통 하얗다. 바다는 바다인데, 그곳도 설국이다. 봄 백야에, 봄의 설국. 북극은 참으로 신비한 땅이었다.

"이제 10분 후면 비행기가 착륙합니다. 바깥 기온은 영하 30도입니다."

"영하 30도?" "와!" "리얼리?" 기장의 안내 방송이 나오자 비행기 안이 술렁거렸다.

Newline

내 입에서도 놀라운 탄성이 절로 나왔다. 그리고 잠시 긴장감이 흘렀다.
내가 사는 제주에도 눈이 많이 내린다. 하지만 한겨울에도 기온이 영하로 내려가는 날은 많지 않다. 따뜻한 남쪽 나라다. 북극으로 오기 전, 대회를 알리는 인터넷 메인 화면에 '세상에서 가장 추운 마라톤'이라는 문구가 쓰여 있었다. 북극의 추위를 정확히 상상할 수 없었지만 그래도 조금은 안심하고 있었다. 남극의 추위와 블리자드도 견딘 내가 아니던가. 그런데 영하 30도라면 얘기가 달라진다. 나는 바짝 긴장하고 있었다.
2시간의 비행 끝에 북극해의 얼음 위에 비행기가 무사히 착륙했다. 모두 설렘과 긴장감으로 얼굴이 상기되어 있다. 비행기에서 내리는 순간 차가운 공기가 습격하듯 파고들었다. 너무 강렬한 추위였다. 냉동 창고에 들어온 기분이랄까. 영하 30도는 상상했던 것보다 훨씬 추웠다. 눈과 코를 제외하고 신체의 모든 부위를 가렸다. 그래야 겨우 견딜 수 있었다.
북극점 마라톤 대회는 레이스를 마친 뒤 모든 참가자가 북극점으로 이동해 1박을 한다. 그때 기념 촬영도 한다. 첫 대회부터 내려오는 전통이다. 그러나 이번엔 일정을 바꿔 북극점에 먼저 가 기념 촬영을 하기로 했다. 기상악화로 지연된 탓에 1박을 하기로 한 일정도 취소됐다.

우리는 다시 헬리콥터를 탔다. 북극점은 일정하지 않다. 남극점은 땅에 있어서 정확히 표시할 수 있지만, 북극점은 얼어 있는 바다 위에 있어서 수시로 바뀐다. 얼음이 계속 움직이기 때문이다. 따라서 나침반이나 GPS를 이용해 북극점을 찾아야 한다. 헬리콥터를 탄 지 20여 분만 마침내, 북극점에 도착했다.
북극점에는 아무것도 없었다. 눈 덮인 얼음과 차디찬 바람만 있었다. 밝은 태양 빛이 축복을 내리듯 북극점을 비추고 있다. 하얀 눈, 바다 위에 뜬 얼음, 나는 남극점의 정반대 북극점 위에 서 있었다. 축복 같은 햇빛도 나를 따뜻하게 감싸주진 못했다. 영하 30도는 '북극점 한가운데 서 있다'는 설렘과 감동마저 움츠리게 했다. 모든 것을 얼릴 것 같은 강렬한 추위였다. 너무 추워 숨을 쉬는 것 말고는 아무것도 할 수 없었다. 그래도 기념 촬영은 즐겁게 무사히 마쳤다. 우리는 다시 대회 장소로 이동해 캠프에서 레이스가 시작되길 기다렸다. 이런 미친 마라톤 대회가 있다니! 캠프 안도 영하 10도가 넘었다.

맨 먼저 결승선을 통과했다

아침 6시. 드디어 레이스가 시작되었다. 기온은 영하 29도라고 했다. 이렇게 추운 날씨는 직접 경험해보지 않고는 설명하기 어렵다. 너무 차갑고 그래서 너무 뜨거운 느낌. 내가 경험한 북극 날씨는 그랬다.

몸에 조금씩 열이 나자 얼었던 발이 어느 정도 정상으로 돌아왔다. 문제는 손과 얼굴이었다. 장갑을 두 개씩 겹쳐 끼었는데도 손이 꽁꽁 언 느낌이었다. 얼굴에 흐르는 땀도 금세 얼었다.

안면 마스크를 썼으나 입이 꽁꽁 얼어 음식을 제대로 먹을 수 없었다. 빙하 위를 달릴 때는 너무 미끄러웠고, 눈 위를 달릴 때는 무릎까지 푹푹 빠졌다. 두껍게 껴입은 옷과 특수 부츠는 속도를 느리게 했다. 덩치 좀 있는 서양 선수들은 마치 북극곰처럼 뒤뚱거리며 달렸다. 그러다가 얼음이라도 밟으면 북극곰처럼 넘어졌다.

남극 경험? 그런 건 개나 줘버리고 싶었다. 북극에서 남극 레이스 경험은 거의 도움이 되지 못했다. 북극에 비하면 남극은 따뜻한 남쪽 나라였다. 오히려 도움이 된 건 한라산에서 연습한 겨울 훈련이었다. 지난 2월까지 나는 눈 덮인 한라산을 오르내렸다. 폭설이 내린 날이면 더 오래, 더 열심히 달렸다. 북극의 눈도 한라산 눈과 같은 눈이었다.

북극 날씨는 시계도 '먹통'으로 만들어 버렸다. 경기를 시작한 지 한 시간쯤 지났을 때였다. 기록을 확인하려고 시계를 보았는데, 분침과 초침이 움직이지 않았다. 북극 날씨는 잔인했다. 다른 방법이 없었다. 컨디션을 가늠하며 페이스를 조절하는

> 더는 뛸 수 없다고 생각할 즈음 끝이 보이기 시작했다. 네 시간 만에, 나는 맨 먼저 결승선을 통과했다. 우승이었다. 고비 사막에 이어 다시 한번 우승의 기쁨을 안았다.

수밖에 없었다. 30km에 이르자 한계가 왔다. 하루에 70~100km도 달리던 나였다. 하지만 미끄러지고, 넘어지고, 눈에 빠지고, 여기에 강추위까지 겹치니 체력소모가 무척 심했다. 다른 사람들도 마찬가지였다. 왜 북극점 마라톤이 하루 일정으로 42km만 달리는지 그제야 이해가 됐다. 선두 그룹이 여러 명이었으나 하나둘 무리에게서 떨어져 나가기 시작했다. 탈진할 듯 힘에 부쳤다. 그래도 믿을 건 나밖에 없었다. 지난겨울의 혹독한 한라산 훈련을 견뎌준 내 몸을 믿어야 했다.
북극의 추위는 가차 없다. 한마디로 인정이 없다. 영하 29도면 망설임 없이 그대로 영하 29도의 추위 값을 해댄다. 이걸 정직하다고 표현해도 되나? 하여튼 그냥 솔직하고 송곳 같다. 옷, 장갑, 신발, 마스크, 눈, 코, 입이 모두 얼었다.

더는 뛸 수 없다고 생각할 즈음 끝이 보이기 시작했다. 네 시간 만에, 나는 맨 먼저 결승선을 통과했다. 우승이었다. 고비사막에 이어 다시 한번 우승의 기쁨을 안았다. 내가 우승한 건 한라산 훈련 덕이 컸다. 경기에 참여한 사람 중엔 도로 마라톤 대회를 100회 이상 뛴 사람도 있었다. 울트라 마라톤 대회를 나보다 더 많이 참가했던 선수들도 여럿이었다. 그들을 이겼다는 기쁨보다 세상에서 가장 추운 곳에서 내 생애 가장 극한을 경험했다는 사실이 더 뿌듯했다. 내 생에 다시 이런 기회를 만날 수 있을까? 쉽지 않을 거 같다. 정말이지 경험하지 않으면 믿을 수 없는 강력한 추위였다. 나는 그 추위를 견디며 달렸다. 극한의 추위를 이겨내자 행운이 찾아왔다. 내 생애 최악의 마라톤에서 나는 최고의 행운과 최고의 경험을 얻었다.
우리는 많은 것을 꿈꾸고 몸을 던져 도전한다. 자연 앞에서 강인해지려고 하지만 또 한편으로는 인간은 얼마나 나약한 존재인가? 나는 북극점 마라톤에서 내가 얼마나 나약하고, 보잘것없는 존재인지 깊이 느꼈다. 나는 조금 더 겸손해질 것 같다. 이번 마라톤에서 7명은 완주에 성공하지 못했다. 탈락자들은 아쉬움이 클 것이다. 완주하지 못했지만, 그들도 어쩌면 살아가면서 단 한 번밖에 경험할 수 없는 짜릿한 일을 해냈다. 이것만으로도 그들은 박수를 받아야 한다. 나는 그들에게서 뜨거운 동지애를 느꼈다.

"내 평생 가장 어려운 경기였어. 그리고 난 다리를 다쳤어. 정말 너무 뜨겁고 너무 춥고 힘든 경기였어!"

돌아오는 비행기 안에서 우리는 북극점에 대해, 영하 30도의 추위에 대해, 얼음 위를 달린 느낌에 대해 많은 얘기를 나눴다. 사람들은 너무 차가운 것을 '뜨겁다'고 표현했다. 내 느낌도 그랬다.

"내 생애 37번째 마라톤이었는데 이렇게 힘든 경기는 결코 해본 적이 없어. 대단히 춥고, 정말 달리기 힘들었어. 지금 난 너무 피곤해. 이제 긴장을 풀고 자고 싶어."

"비행기는 북극의 얼음 위에 착륙했고, 우리는 바다 위에 떠 있는 얼음 위를 달렸어. 영하 30도의 얼음 위를 달렸다는 게 믿어지지 않아. 그러나 분명한 건 지금, 이 순간, 우리가 그것을 해냈다는 거야!"

우린 모두 흥분을 가라앉히지 못했다. 북극점 마라톤을 무사히 끝냈다는 것만으로도 감격할 이유는 충분했다. 그것은 죽음과의 사투에서 살아남은 것과 비슷했으니까. 그것이 어떤 느낌인지 알기 때문에 다시는 북극점에 돌아갈 엄두가 나지 않는다. 어쩌면 북극점 마라톤은 내 생애 처음이자 마지막 경험이 될 것이다. 가장 강렬하고 뜨거운 순간으로 기억될 것이다.

북극의 추위는 가차 없다. 한마디로 인정이 없다. 영하 29도면 망설임 없이 그대로 영하 29도의 추위 값을 해댄다. 이걸 정직하다고 표현해도 되나? 하여튼 그냥 솔직하고 송곳 같다. 옷, 장갑, 신발, 마스크, 눈, 코, 입이 모두 얼었다.

특별한 인터뷰

북극점에서 만난 사람들

기상악화로 며칠째 마라톤 대회 일정이 연기되고 있던 어느 날, 나는 지루함을 견디지 못하고 카메라를 들기로 했다. 주최 측 사람과 레이스에 참가한 선수들을 찾아 나섰다. 그들에게 북극점 마라톤 대회에 관해 이것저것 물어보았다.

리처드 도너반_레이스 디렉터

북극점 마라톤 대회를 소개한다면?

선수들은 경기 몇 달 전부터 이 경기를 기다려. 실제로 북극에 가서 어렵게 경기를 끝내고 나면 아주 인상적인 경험으로 남지. 그들은 자신이 세상의 가장 북쪽에 있고, 모든 것이 자신보다 남쪽에 있다는 것을 발견하게 돼. 그래서 이 경험은 모두에게 아주 특별하지. 북극점 마라톤은 매우 특별한 경기야!

스웨덴의 마리에

북극점 마라톤 대회에 참가하게 된 이유는?

내 일이나 일상과는 조금 다른 것을 해보고 싶었어. 이 목표를 이루기 위해 많은 연습을 했지. 그리고 멀리 떨어진, 쉽게 가보지 못하는 세상을 보고 싶었어. 이 경기는 매우 흥미진진하고 도전적이라고 생각해.

영국의 크리스티

여기 참가하게 된 이유는?

<Runner’s World>라는 잡지에서 북극점 마라톤 광고를 봤을 때 이 경기에 나가면 좋겠다는 생각이 들었어. 이유를 딱히 설명하긴 어렵지만, 스발바르 제도를 볼 수 있고, 개 썰매를 경험할 좋은 기회잖아? 여기는 참 크고 아름다워. 다른 한편으로는 많은 위험 요소들을 갖고 있기도 해. 세계에서 가장 접근하기 힘든 곳 ‘북극’에 갈 수 있다는 것. 이것 자체가 하나의 어드벤처 경험이 될 것 같아. 혹독한 추위 속에서 뛰어본다는 건 분명 좋은 경험이야. 뛰면서 땅을 느끼고, 뛰면서 추위를 느끼게 될 테니까.

덴마크의 마킷

여기 참가한다고 할 때 가족들의 반응은 어땠어?

나는 아이들이 세 명이야. 처음 남편은 내가 북극점 마라톤에 간다고 했을 때 이해하지 못했어. 한마디로 이상하다고 생각했지. 하지만 지금은 응원도 해주고 내가 하는 일을 아주 흥미 있어 해. 오늘은 아들 생일이야. 아이는 오늘 열 살이 돼. 오늘 원래 일정대로 집에 돌아갈 수 없어서 아들이 무척 속상해하고 있어. 오늘 아침, 아이에게 생일 축하한다고 전화했어. 보고 싶다.

노르웨이의 한스

여기 온 사람들은 뭔가 특별한 사람일까?

그렇지는 않다고 생각해. 그냥 우리는 모두 다르고, 모두 다른 경험이 있어. 어떤 사람은 한국에서 왔고 어떤 사람은 오스트레일리아에서 왔고, 어떤 사람은 무척 추운 노르웨이 북부에서 왔지. 여기 있는 멤버들은 정말 환상적이야. 우리는 좋은 친구들이야. 나는 지금 너를 만났고, 이것은 한국을 만나게 되는 기회이기도 해. 한국은 아주 아름답고 사람들도 좋다고 생각해. 이 경기를 뛰는 것은 매우 흥미로운 일이야. 세상에서 가장 유명하고, 가장 춥고, 가장 힘든 경기니까. 이 경기를 하려면 강한 정신력이 필요하고 그런 면에서 우리는 모두 아주 특별해! 하지만 용기가 있으면 누구나 참가할 수 있는 경기이기도 해.

알프스산맥을 넘다

트랜스 알파인 런 255km, 300km

트랜스 알파인 런은 8일 동안 알프스산맥을 종단하는 스테이지 대회다. 독일, 오스트리아, 이탈리아, 스위스를 차례로 달린다. 코스는 두 개로 255km와 300km를 달린다. 낮에는 알프스를 달리고, 저녁엔 문화 공연과 파티가 열린다.

계속 달려라!

'트랜스 알파인 런'은 '알프스산맥을 넘어 달린다'는 의미이다. 코스는 두 개다. 독일 남쪽 오베르트도르프Oberstdorf에서 출발해 오스트리아를 지나 이탈리아의 숄덴Sulden까지 3개국 300km를 달리는 코스가 하나이고, 독일 남쪽 가르미슈파르텐키르헨Garmisch-Partenkirchen에서 출발해 오스트리아와 스위스를 지나 이탈리아 발스지츠베르그 조시탈Vals Gitschberg/Jochtal까지 4개국 255km를 달리는 코스가 다른 하나이다. 매년 8월 말과 9월 초에 장소를 바꿔가면서 진행된다. 올해가 16회 대회이다. 올해는 255km를 달린다. 낮에는 알프스산맥을 달리고, 저녁때는 시골 마을 체육관에서 문화 공연과 파스타 파티가 열린다. 나는 두 개 코스를 모두 경험했다. 그동안 참가했던 대회 중 가장 재미있는 트레일 러닝 대회였다.

이 대회는 하루에 25~50km를 달리고 매일 2,000~3,000m가 넘는 산을 오르게 된다. 코스가 험난해서 '2인 1조' 팀으로만 참가할 수 있다. 보통 세계 30여 개국에서 선수 500여 명이 참가한다. 스테이지 대회 중에 유럽에서 가장 인기 있는 대회이다.

알프스는 유럽 대륙 중남부에 있는 산맥이다. 독일, 프랑스, 오스트리아, 스위스, 이탈리아 등에 걸쳐있으며, 일 년 내내 눈으로 덮여있는 산봉우리와 초원지대 그리고 아름다운 호수를 품고 있는 곳이다. 알프스산맥에서 가장 높은 산은 프랑스와 이탈리아 국경에 있는 몽블랑4,810m이다. 알프스는 히말라야나 안데스산맥보다 높진 않지만 아름답고 독특한 풍광을 간직하고 있다.

'Keep on Running.계속 달려라!'은 대회의 주제 음악이다. 아침저녁으로 흘러나오는 이 노래를 들으면 온몸에 전율이 흐르기 시작한다. 참가자들은 이 노래를 따라 부르고 춤을 추며 모두 흥분과 열광의 축제에 빠져든다. 매일 매일 이어지는 파스타 파티와 공연, 대회가 진행될수록 이 대회만이 주는 매력에 매혹된다. 하루하루가 축제의 날이다. 알프스산맥을 달리는 '축제'는 8일 동안 이어진다.

특별한 인터뷰

알프스에서 만난 닐 로즈

닐 로즈Nill Rhodes는 영국에서 왔다. 카메라를 들고 알프스산맥을 달리다 닐을 만났다. 그는 첫 대회부터 매년 참가했다. 닐은 방송 진행자 못지않게 말솜씨가 유창하다. 주최 측에서는 가끔 대회 브리핑, 현장 인터뷰어 역할을 맡긴다. 선수이자 리포터로도 맹활약하고 있다. 코미디언 못지않은 유머 감각으로 선수들을 늘 웃게 해준다. 사람들과의 만남을 중요시하는 가슴 따뜻한 영국의 중년 남자다.

자신을 소개한다면?

내 이름은 닐 로즈이고, 53세야, 영국 남서부 서머싯Somerset에 살고 있지. 결혼해서 22세, 26세가 된 아들 둘을 두고 있어. 나는 '트랜스 알파인 런'을 5번 완주했어. 첫 대회부터 지금까지 모두 완주한 거야. 나는 이 대회를 '내 인생의 이벤트'라고 부르고 싶어. 왜냐하면, 내 생애 가장 특별한 기억이 될 것이기 때문이야. 각기 다른 나라, 다른 언어를 사용하는 사람들과 함께 나눈 우정이 정말 좋았어. 때론 경쟁도 했지만 고통과 기쁨을 함께 나눈 내 삶의 친구들이야.

'트랜스 알파인 런'에 참가하게 된 동기는?

2003년에 나는 뇌출혈로 7%의 생존 가능성만 남겨 두고 고통의 나날을 보내고 있었지. 8시간의 머리뼈 절개 수술과 3일간 의식불명 상태를 지나고 나서 신경외과의사는 나에게 이렇게 말했어. "당신이 운동한다면 생명을 구할 수 있다고 믿어!" 그의 말을 듣고 운동을 하다가 이 대회를 알게 됐어. 이 경기가 정말 멋진 이벤트가 될 거로 생각했어. 그래서 참가했지. 아름다운 환경에서 사람들과 함께 시간을 공유하는 것. 우리는 이 세상에 짧게 머무르다 떠나지. 그러므로 이 짧은 시간을 각자 할 수 있는 만큼 최대한 경험하고 즐기는 것이 중요하다고 생각해. 이런 말이 있어. '한 번뿐인 인생, 즐겨라!'One Life. Live it 너무나 공감이 가는 이야기야.

알프스 대회는 매일 산을 달려야 하는 힘든 대회야. 그런데도 사람들이 참가하는 이유는 무엇이라고 생각해?

힘든 걸 찾기 위해 온 것이 아닐까? 네가 원한 것도 그런 것 아니었어? 자신을 시험해 보기 위해. 만약 이 경기가 쉽다면 누구도 즐기지 않았을 것으로 생각해. 우리는 모두 어려움을 시험해 보길 원해. 이것은 인생에서 아주 좋은 경험이야. 무언가를 이룩하고, 무언가를 달성한 느낌이랄까? 무언가 가슴속에 영원히 남는 것이지. 나이가 들어서도 넌 자신의 성취를 기억할 수 있을 거야. 이것은 네 가슴을 뜨겁게 하고, 행복하게 할 것으로 생각해!

달리는 동안 잊지 못할 특별한 기억이 있다면?

많은 특별한 순간들이 있었어. 그중 하나는 너의 미소! 네 미소는 우리를 미소 짓게 했어. 우리가 가파른 언덕을 오를 때 네가 내 옆을 지나고 있었는데, 앞쪽에서 비디오 촬영을 하고, 뒤쪽에서 DSLR 카메라로 사진 촬영을 하는 걸 보고 정말 놀라웠어. 그냥 걷고 언덕을 오르기도 힘든데, 너는 산을 뛰면서 카메라로 사진을 찍고, 비디오 촬영까지 하다니. 와우! 넌 정말 대단한 선수라고 생각했어.

이렇게 달리는 이유가 뭐지?

나는 여러 가지 이유 때문에 뛰어. 나에 대한 도전이기도 하고, 달리기를 통해 내가 살아있다는 걸 느끼기도 하지. 달리는 건 내 삶의 상징이라고 생각해. 넌 달리면서 스스로 고통을 이겨내잖아. 때론 할 수 없다고 느낄 때도 있을 거야. 하지만 결국에는 네 내면의 강인함을 찾을 수 있지. 그런 다음 네가 생각했던 것보다 훨씬 많은 것들을 할 수 있다는 걸 깨닫게 될 거야. 그건 나도 마찬가지야. 달리기는 한계를 넘어, 내가 더 많은 것을 할 수 있다는 걸 느끼게 해!

이렇게 힘든 익스트림 레이스에 사람들이 참가하는 이유는 뭐라고 생각해?

아마 도전을 좋아하기 때문이 아닐까? 현대인의 삶은 너무 쉬워져 버렸잖아. 그냥 버튼을 누르면 모든 게 해결되지. 이런 것들이 사람들에게 뭔가 물리적으로 달성하고 싶은 목표를 갖게 하는 것 같아. 그리고 우리는 언제나 어린아이처럼 될 수 있어. 그게 바로 자유롭게 뛰는 거야!

익스트림 트레일 러닝 대회에 참가하고 싶은 사람들에게 해주고 싶은 이야기가 있다면?

그냥 해버리라고 얘기해주고 싶어. 경기가 어렵긴 하지만 러너가 아닌 사람도 많이 참여하고 있어. 뛰다가 힘들면 걸어가면 돼. 나는 뇌출혈을 겪었던 2004년 이후 달리기를 본격적으로 시작했어. 그러니 내가 할 수 있었던 걸 보면 다른 사람도 할 수 있단 거야. 2008년에는 'Trans Rockies'로키산맥을 횡단하는 대회를 달렸는데 그땐 71세의 러너와 대화를 하며 달렸지.

나에 대해 어떻게 생각해?

너에 대해 어떻게 생각하느냐고? 운동선수! 그리고 카메라맨! 너는 착하고 아름다운 마음씨를 가진 사람이라고 생각해. 먼 아시아에서 왔고 언어는 다르지만 너는 다른 여러 가지 것들에도 불구하고 우리가 진짜 친구가 되게 만들었지. 내가 이 경기를 마치고 돌아갈 때쯤엔 너와 함께 달렸단 걸 자랑스럽고 영광스럽게 생각할 거야. 네가 영국에 온다면 손님이자 친구로 우리 집에 초대하고 싶어. 언제나 환영이야!

순례의 길
나를 찾아 달리다

카미노 데 산티아고 800km

CAMINO DE SANTIAGO

유럽 횡단 레이스에 도전했다가 발목 부상으로 700km를 달리고 포기했다. 2년 동안 기다린 도전이 물거품이 되었다. 발목은 아물었지만, 달릴 수 없다는 게 이렇게 큰 아픔인 줄 처음 알았다. 나는 슬픔을 잊기 위해, '카미노 데 산티아고'로 향했다.

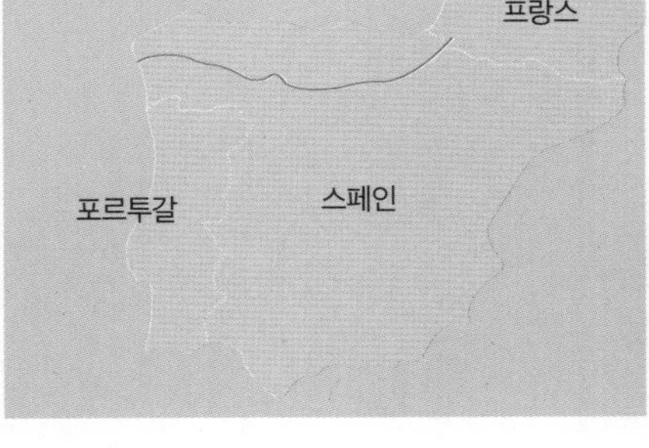

영혼의 상처를 씻을 수 있을까?

2009년 4월, 4,800km를 달리는 유럽 횡단 레이스에 도전했다. 하지만 대회 3일 만에 발목을 접질렸다. 하루하루 지날수록 발목이 더 심하게 부어올랐다. 결국, 700km를 조금 넘게 달리고 레이스를 포기했다. 2년 동안 준비하고 기다려왔던 도전이 물거품이 되었다. 간절했던 꿈이 무너졌다는 게 믿을 수 없었고 믿고 싶지도 않았다. 아픈 발목을 이끌고 집으로 돌아왔다.

발목은 아물어 갔지만, 마음의 상처는 아물지 않았다. 달릴 수 없다는 게 이렇게 큰 아픔인 줄 처음 알았다. 하염없이 눈물만 쏟아졌다. 이대로 있어선 안 되겠다는 생각이 들었다. 슬픔을 잊기 위해, 아픔을 치유하기 위해 어디론가 떠나고 싶었다. 여행의 아픔을 여행으로 치유하고 싶었다.

스페인 친구 카를로스에게 메일을 보냈다. 어디든 혼자 떠나고 싶다고 말했다. 그는 '카미노 데 산티아고'를 추천해줬다. 이 길에 대해 잘 모르고 있었다. 인터넷을 검색했다. 프랑스 생장에서 산티아고까지 약 800km. 아주 긴 순례길이었다. 생장을 제외하면 모두 스페인 북쪽 땅이었다. 길은 동쪽 끝에서 서쪽 끝까지 달려가고 있었다. 여기다 싶었다. 새로운 경험을 하며 나를 돌아볼 좋은 기회라고 생각했다.

카미노 데 산티아고Camino de Santiago는 스페인어로 '산티아고로 가는 길'이라는 뜻이다. 9세기 예수의 열두제자 중 한 사람인 성 야곱의 무덤이 이 도시에서 발견되었다. 이때부터 많은 순례자가 방문하면서 순례의 길이 되었다. 성 야곱의 무덤이 발견된 곳에 1558년 산티아고 대성당을 지었다. 로마, 예루살렘과 더불어 세계 3대 성지로 꼽힌다. 한국에서도 꽤 많은 사람이 찾고 있다. 1993년 세계 자연 문화유산이 되었다. 산티아고 가는 길은 여러 갈래이다. 가장 많이 찾는 코스는 프랑스 길이다. 포르투갈, 스페인 내부 길로 찾는 사람도 많다.

순례자들은 대부분 프랑스 파리에서 기차를 타고 프랑스 남쪽 생장피드포르Saint Jean Pied de Port로 가서 여정을 시작한다. 하지만 나는 마드리드에 사는 친구 카를로스의

가슴속에 간절한 소망을 품었다. 큰 부상 없이 산티아고에 도착할 수 있기를,
내 슬픔이 조금이라도 지워지길, 아픈 영혼을 조금이라도 위로받을 수 있기를.

집에 짐을 풀고 팜플로나행 기차를 탔다. 여기에서 다시 택시를 타고 론세스바예스Roncevaux로 이동했다. 다음날 피레네산맥을 넘어 생장피드포르에 도착했다. 다시 피레네산맥을 넘으면서 '순례'를 시작했다. 목적지를 정하지 않았다. '내가 달릴 수 있을 만큼 가야겠다'하는 생각이었다. 가슴속에 간절한 소망을 품었다. 큰 부상 없이 산티아고에 도착할 수 있기를, 내 슬픔이 조금이라도 지워지길, 아픈 영혼을 조금이라도 위로받을 수 있기를.

> 쓰러질 때마다 진실 한 조각을 주울 수 있다는 것을 나는 몰랐다.
> 넘어지면 일어서는 법을 배울 수 있다는 것을 나는 몰랐다.
> 그림을 자꾸자꾸 망쳐야 좋은 그림을 그릴 수 있다는 것을 몰랐고
> 풀꽃들은 일어서기 위해 당당히 쓰러진다는 것을 몰랐다.
> -이철환의 <반성문> 중에서

혼자 있고 싶어 떠난 여행에서 사람을 만났다

피레네산맥은 스페인과 프랑스 사이 국경지대에 있다. 론세스바예스에서 생장피드포르로 갈 때는 안개가 산을 덮고 있었다. 몇 미터 앞도 볼 수 없었는데 솔솔 가랑비까지 내렸다. 하지만 다음날엔 멋진 풍광이 펼쳐졌다. 안개에 덮인 프랑스 지역과 더없이 화창한 스페인 땅 풍경이 대조를 이루고 있었다. 산 위에 펼쳐진 푸른 초원에선 양 떼가 한가로이 풀을 뜯으며 순례자를 반긴다. 스페인 쪽에서, 그리고

3,6 km
ORREAGA
RONCESVALLES
1 h 15'
GRT 7
GRT 7
DONIBANE GARAZI
20,8 km
Saint Jean Pied de Port
5 h 30'

S-WORKS
SPECIALIZED
S-WORKS

프랑스 쪽에서, 두 번 산을 오른 나에게는 큰 행운이었다.

걷는 사람들이 대부분이지만 가끔 자전거를 탄 사람도 보였다. 이탈리아의 파브리치오는 나와 앞서거니 뒤서거니 피레네산맥을 올랐다. 오르막에선 자전거를 끄느라 나보다 뒤처졌고, 내리막에선 나를 쉽게 앞질렀다. 정상에서 조금 내려와 샘물이 흘러내리는 곳에서 물을 마셨다. 잠시 쉬는데 파브리치오가 도착했다. 그는 자전거를 타고 산티아고 성당까지 갈 거라고 했다. 샘물과 그가 건네준 빵 한 조각으로 배를 채웠다. 다시 기운이 솟는다. 그 이후 그를 다시 만나지 못했다. 하지만 다른 자전거 순례자들이 친구가 되어주었다. 그들은 자전거로, 나는 두 다리로 하루 50km씩 달렸다.

달리다 지치면 가끔 걷기도 했다. 로그로뇨를 지나 나바레테Navarrete로 향할 때 이탈리아의 앤디를 만났다. 그는 벌써 이 길을 세 번째 걸었다고 했다. 순례자들이 하루 20~30km 걷는 길을 그는 하루 40km씩 걷고 있었다.

"저는 산티아고 길이 좋아요. 올 때마다 새로운 경험을 하거든요. 사람들과 만남은 특별해요. 종교적인 이유로 걷고 있는 사람도 있고, 여행을 위해 걷는 사람도 있고, 운동을 위해 이 길을 걷고 있는 사람도 있어요. 각자 이유는 다르지만, 사람들을 만나면 많은 걸 느낄 수 있어요. 여기를 걷는 사람은 모두가 특별하다고 생각해요. 당신은 달리고 있어요. 달려서 가는 사람은 처음 봐요. 당신도 특별한 것 같아요."

조금씩 웃는 법을 되찾다

가끔 숙소에서 마음이 맞는 사람을 만난다. 푸엔테 라 레이나Puente La Reina에 오후 2시가 조금 넘은 시간에 도착했다. 알베르게1천 년 전부터 있었던 순례자를 위한 숙소는 이미 만원이다. 첫 번째 찾아간 숙소도, 두 번째 숙소에도 사람들이 꽉 찼다. 다른 숙소를 찾아 나서기엔 너무 피곤했다. 침대가 아니라도 좋으니 머무를 수 있게 해달라고 사정하니 작은 공간 하나를 내주었다. 두 평 남짓한 인터넷 방이었다. 이미 한

자리는 주인이 있었고, 겨우 침낭 하나가 들어갈 공간이 남이 있었다. 그래도 밖에서 자는 것보다 나을 것 같았다.
조금 있으니 젊은 친구가 들어와 고개를 숙여 인사했다. 나는 웃으며 맞인사를 했다. 젊은 친구는 이탈리아에서 온 조르지오였다. 그는 아시아 문화에 관심이 많았다. 3개월 동안 일본 여행도 했다고 했다. 일본에서 배운 배꼽 인사를 어설프게나마 내게 건넸다. 조르지오는 정말 '착하다'는 표현이 딱 어울릴 만큼 선했다. 학생이지만 잠시 쉬면서 자신의 인생에서 가장 큰 도전이자 모험인 카미노 데 산티아고 여행길에 올랐다고 했다. 그는 낯선 동양인이 스페인까지 와서 홀로 달리는 걸 신기해했다. 우린 함께 저녁을 먹었다. 다음 날 그는 나보다 일찍 출발했다. 도중에 그를 만났으나 그 후엔 조르지오를 만나지 못했다. 다행히 페이스북을 통해 그를 다시 만나고 있다.

부르고스 지나 프로미스타Frómista에서는 타이완의 페이를 만났다. 그녀는 디자이너로 일하다 장기 여행길에 올랐다고 했다. 옷차림만으로도 자유로움을 느낄 수 있었고, 다른 사람과 다른 특별함이 느껴지는 친구였다. 내 이름과 이메일 주소를 알려달라며 꺼낸 수첩에는 한국 사람들 이름이 빼곡히 적혀 있었다. 페이는 누구에게 배웠는지 한국 민요인 '아리랑'을 가사 하나 틀리지 않고 불렀다.
"아~리랑 아~리랑 아라리요~."
나는 깜짝 놀랐다. 이렇게 먼 이국땅에서 아리랑을 듣게 될 줄이야! 페이의 노래를 들으며 난 다시 웃을 수 있었다. 내 마음속의 우울함과 슬픔은 그렇게 조금씩 사라지고 있었다. 사람들을 만나면서 행복을 찾을 수 있는 곳, 카미노 데 산티아고는 그런 곳이었다. 다음 날 아침, 출발 시간이 엇갈려 다시 페이를 만나지 못했지만, 지금도 그가 부르던 '아리랑'을 잊을 수 없다. 산티아고에 다녀와 메일로 안부를 물었지만, 그녀는 소식이 없었다. 아마도 그녀는 지금도 어디선가 '자유로운 새'가 되어 살아갈 거 같다. 그렇게 인생의 순례길을 걷고 있으리라.

아스토르가Astorga에서는 한국 친구들을 만났다. 순례길을 ⅔쯤 달렸을 무렵이었다. 스페인에서 유학 중인 인태, 짐이 무겁다고 다음 알베르게로 배낭을 보내고 가볍게 걷고 있는 혜진다음 알베르게로 짐을 보내고 빈 몸으로 걸을 수 있다는 걸 그제야 알았다. 일찍 알았다면 나도 그렇게 했을 텐데, 대학생 민지였다. 아, 일본의 유미코도 만났다. 그들과 저녁을 함께 해서 먹기로 했다. 슈퍼에서 쌀과 달걀, 소시지, 양파 등을 사고, 혜진이 가져온 건조 미역국 등으로 알베르게 식당에서 내가 간단히 음식을 만들었다. 밥과 달걀찜, 미역국, 소시지볶음은 그런대로 먹을 만했다. 그들이 밥을 먹고 있는 표정만으로도 얼마나 한국 음식을 그리워했는지 느낄 수 있었다. 나는 내 요리를 맛있게 먹어주는 친구들이 무척 고마웠다.
소시지 양파볶음과 달걀 양파 프라이는 순례길에서 제일 많이 만들어 먹었다. 쉽게 재료를 구할 수 있고, 조리법도 단순해 딱히 다른 음식을 만들어야겠다는 생각은 들지 않았다. 가끔 레스토랑에서 홀로 파에야를 먹었다. 즐겁게 먹으며 한 끼 식사에서 작은 행복을 느꼈다. 하지만 여러 친구와 함께 먹는 식사는 또 다른 행복감을 주었다.

산티아고에는 늘 사람들이 넘쳐난다. 특히 7~8월에 사람들이 몰린다. 걸음이 비슷한 사람끼리는 걷다 보면 매일 만나게 되고, 종종 알베르게에서 같은 방에 배정받기도 한다. 약속하지 않아도 다음날, 또 다음날 함께 걸으며 친구가 된다. 나는 달리다 보니 순례 동기를 만나는 게 쉽지 않았다. 뛰는 동안엔 대부분 혼자였다. 그래도 알베르게에선 매일 새로운 사람을 만났다. 그 사람들이 소중한 인연으로 느껴졌다. 혼자 있고 싶어 나선 여행길이었지만, 난 산티아고에서 참 많은 사람을 만났다. 그들은 나에게 조금씩 웃는 법을 되찾아주었다.

매일 새로운 사람을 만났다. 그 사람들이 소중한 인연으로 느껴졌다. 혼자 있고 싶어 나선 여행길이었지만, 난 산티아고에서 참 많은 사람을 만났다. 그들은 나에게 조금씩 웃는 법을 되찾아주었다.

비워야 즐겁게 될 수 있다

카미노 데 산티아고 길을 달린 지 일주일이 지났다. 메세타Meseta 평원은 부르고스에서 레온까지 180km나 이어진다. 대부분 평지라서 그늘이 많지 않다. 무더운 여름에는 메세타 지역을 걷지 않고 부르고스에서 레온까지 버스나 기차를 타고 이동하는 사람도 많다. 아침 8시, '몸이 허락하는 한 가겠다'는 마음으로 부르고스를 출발했다. 달리다 보니 무거웠던 몸이 가벼워지는 걸 느꼈다. 30km쯤 달리자 '사막의 오아시스' 같은 언덕 아래 작은 마을 혼타나스Hontanas가 나왔다. 여기서 머무를까 하다가 바에서 음료와 빵을 사 먹고 다시 달리기 시작했다. 내 몸은 이제야 카미노 데 산티아고에 적응하는 것 같았다. 구름이 햇빛을 가려주고 바람까지 불어 달리기에 더없이 좋았다. 밀밭과 해바라기밭을 배경으로 끝이 없을 것 같은 평원을 달렸다. 어느새 카스트로 헤리스Castrojeriz를 지나 보아디야 델 카미노Boadilla del Camino에 도착했다. 몸은 조금 지쳤지만 더 달리고 싶었다. 물이 흐르는 수로 옆으로 길게 뻗은 오솔길을 달렸다. 오후 4시가 조금 넘어 프로미스타Frómista에 도착했다. 65km를 달렸다. 오늘 가장 긴 거리를 달렸다. 매일 지쳐갔지만 어디서 이런 체력이 나오는지 내 다리, 내 몸에 그저 감사할 따름이다.

다음날 새벽, 해가 뜨기 전 길을 나섰다. 낮엔 태양이 뜨거워 동트기 전부터 길을 나서는 사람이 많았다. 몸속 깊숙이 스며드는 아침 공기가 무거운 몸을 조금 가볍게 했다. 30분쯤 달리고 나니 태양이 붉게 떠오르고 있었다. 태양은 매일 홀로 달리는 나에게 벗이 되어주었다. 프로미스타에서 20km 달려 카리온 데 로스 콘데스Carrion de los Condes에 도착했다. 다음 마을 칼사딜라 데 라 쿠에사Calzadilla de la Cueza까지는 17km이다. 이 마을은 너무 작아 물과 음식을 구할 수 없다. 바에 들러 음식을 충분히 먹었다. 마을 분수대에서 물도 병 가득 채웠다. 하지만 오늘따라 날씨가 너무 덥다. 마을에 닿기 전에 물이 떨어져 버렸다. 마침 자전거를 타고 가는 스페인 친구가 있어 물을 얻어 마셨다. 그는 너무 당연하다는 듯이 처음 보는 나

해가 뜨기 전 길을 나섰다. 몸속 깊숙이 스며드는 아침 공기가 무거운 몸을 조금 가볍게 했다. 30분쯤 달리고 나니 태양이 붉게 떠오르고 있었다. 태양은 매일 홀로 달리는 나에게 벗이 되어주었다.

에게 물 한 병을 건네줬다. 누군가에게 신세를 지기도 하고 누군가를 돕기도 하는 곳. 잠시 스쳐 지나가는 인연이지만 같은 곳을 향해 가는 우린 모두 친구가 된다.
레디고스Ledigos를 지나고 다시 작은 마을을 지나 언덕길에 오르니 사아군Sahagun이 나왔다. 56km를 달렸다. 여기서 하루를 머물렀다. 이곳에서 먼저 도착한 독일 친구 얀을 만났다. 그는 자전거를 타고 매일 50km 정도 달리고 있었다. 얀은 이후에도 몇 번 더 마주쳤다.
메세타 평원을 지나는 마지막 날은 날씨가 무더웠다. 끝날 것 같지 않은 플라타너스 가로수 길이 레온을 향해 뻗어있다. 한참을 달리다 메세타 지역에서 유일하게 한국인 한 명을 만났다. 그는 길에서 만난 스페인 친구들과 함께 있었다. 그들 중 한 명이 발목을 다쳐 힘들게 한 걸음 한 걸음 천천히 걷고 있었다. 오늘 레온에 도착하면 스페인 친구들은 집으로 돌아갈 거라서, 마지막으로 같이 걷고 있다고 했다. 며칠 같이 걷다가 정이 들어 혼자 가지도 못하고 계속 함께 가는 상황이라고 했다. 한국 사람의 정을 스페인의 어느 길 위에서 느꼈다. 가슴이 따뜻해져 왔다.

오후 2시가 조금 넘었다. 만시야 데 라스 물라스Mansilla de las Mulas를 지나 작은 언덕에 올랐다. 저 멀리 레온 시내가 한눈에 들어왔다. 알베르게로 향하는 길에 우연히 중국 레스토랑을 발견했다. 이럴 땐 숙소를 예약하는 것 보다 허기진 배를 채우는 게 우선이다. 밥을 먹을 수 있는 곳인데 어찌 그냥 지나칠 수 있겠는가. 산티아고 순례길을 달리는 동안 큰 도시에 들어서면 나는 늘 중국 레스토랑을 찾곤 했다.
레온의 중식당은 매우 넓었다. 뷔페식이라 과일, 치킨, 쌀밥, 야채……. 이런 행운이! 먹고 싶은 음식을 맘껏 골라 먹었다. 짧은 시간, 커다란 접시를 세 번이나 비웠다. 거기에 맥주 한 병까지 마시고 10유로를 지불했다. 산티아고를 달리는 동안 가장 맛있고 푸짐한 만찬을 즐겼다.
순례길에서 나의 가장 큰 적은 땀띠였다. 다른 사람은 대부분 물집, 무릎, 발목, 빈대 때문에 고생했는데, 나는 엉뚱하게 땀띠 때문에 고생했다. 장시간 배낭을 메고 달리다 보니 마찰과 땀 탓에 땀띠가 생긴 것이다. 등이 따갑고 가려웠다. 밤에도 너무 가려워 잠을 설쳤다.
오늘은 스페인에서 온 친구들과 같은 방을 배정받았다. 그 중 한 친구가 새로 산 커다란 샴푸 통을 보여주며 "양이 많아 무거울 것 같은데 필요하면 나누어 준다."라고 했다. 순간적으로 장난기가 발동했다. 새끼손가락만 한 작은 화장품 샘플 두 개를 보여주며 "이게 나의 샴푸 통"이라고 말했다. 친구는 배를 움켜잡고 뒤집어졌다. 난 끝까지 진실을 말하지 않았다. 아마 그 친구는 아직도 내 화장품 샘플을 샴푸 통으로 생각하고 있을 것이다. 산티아고 순례길은 비움의 길이다. 마음도 그렇지만 짐도 마찬가지다. 배낭의 무게가 무거울수록 '고행의 길'이 된다. 모든 물건은 간소화하는 게 좋다. 산티아고는 비워야 즐겁게 걸을 수 있다.

스페인의 별들이 나를 지켜줄 거야

알베르게는 순례자 숙소이다. 20~30명이 잘 수 있는 사립 알베르게부터 수백 명이 머무를 수 있는 공립 알베르게까지 규모나 시설이 다양하다. 가끔은 정해진 숙박비를 받지 않고 기부금을 받는 알베르게도 있다. 이런 알베르게는 대부분 성당이나 천주교 단체에서 운영한다.
여름 성수기엔 숙소를 차지하기 위한 경쟁이 치열하다. 좋은 방을 배정받기 위해 아침 일찍 출발해 오전에만 걷는 사람도 있다. 나는 대부분 오후 3시를 전후로 알베르게에 도착했다. 오후 5시에 도착할 때도 있었다. 나는 숙소를 선택하는 걸 포기했다. 어떤 알베르게든 방이 있으면 다행이었다.
하루는 레온에서 서쪽으로 160km 떨어진 오 세브레이로O Cebreiro에 도착했다. 레온과 산티아고 데 콤포스텔라 사이에 있는 작은 마을이었다. 오후 3시였지만 알베르게에는 여유 침대가 없었다. 다른 마을보다 유난히 사람이 많았다. 일출과 석양이 아름다워 순례자 외에도 관광객이 많이 찾는다고 했다. 오늘은 알베르게 밖

에서 침낭에 의지해 자기로 했다. 3유로를 내고 샤워만 한 뒤 마을 구경에 나섰다. 오 세브레이로는 산 위에 있는 아주 작은 마을이다. 아기자기하게 돌담으로 지은 집들이 귀엽고 예뻤다. 벽은 돌담이고 지붕은 밀짚으로 덮여있다. 제주 전통 초가집이 연상됐다. 작은 마을이지만 레스토랑과 기념품 가게도 제법 있었다. 바에서 생맥주 한잔을 들고 나와 야외 의자에 앉았다. 큰 어려움 없이 온 기쁨과 며칠 후면 산티아고 성당에 도착할 수 있다는 기대에 부풀어 나 자신에게 건배를 청했다. 맥주에서 달콤한 과일 향이 났다. 거품은 부드러웠고, 맥주는 톡 쏘며 혀와 목, 코의 감각을 차례로 자극했다. 하루의 피로를 말끔히 씻어주는 맛이었다. 이번에는 레스토랑으로 이동해 달걀프라이와 감자튀김에 와인을 마셨다.
오늘은 술을 좀 많이 마셨다. 술기운이 온몸으로 퍼져나갈 즈음 서쪽 산 너머로 태양이 붉게 물들기 시작했다. 여름이지만 산동네라 바깥 기온이 제법 쌀쌀했다. 그동안 쌓인 피로에 술기운까지 더해져 스르르 잠이 들었다. 오늘은 스페인 하늘에 뜬 별들이 나를 지켜줄 거라 믿으면서.

나는, 다시 달릴 것이다

어느새 산티아고 성당이 가까워지고 있었다. 이 길을 달리면서 매일 새로운 사람을 만났다. 순례객을 만나면서 비로소 나는 다시 웃을 수 있었다. 지난 몇 달 동안의 아픔을 잠시 잊을 수 있었다. 순례길을 달리면서 많은 사람에게 응원을 받았다. 자전거 순례객들은 내가 카미노 데 산티아고를 달리고 있으니 꽤 신기했던 모양이다. 어느새 난 '유명한 러너'가 되어 있었다. 자전거를 타고 먼저 간 사람들이 '산티아고에 달리는 사람이 있다'고 입소문을 퍼트린 것이다. 난 산티아고 순례길을 '달리는' 유일한 사람이다. 어디서 들었는지 하나둘 나를 알아보는 사람이 생겼다. 반가워하며 사진을 찍자고 했다. '왜 달리느냐?'는 질문도 던졌다. 난 그냥 달렸을 뿐인데 어느새 나는 '달리는 순례자'로 소문이 퍼져 있었다.

Camiño
de
Santiago
Itinerario Cultural Europeo

산티아고 성당으로 가는 마지막 날. 사람들은 산티아고 성당에 도착하면 다시 새로운 길을 찾아 떠날 것이다. 이제 그 마지막 순간이 다가오고 있었다.

멜리데를 떠나 작은 숲길을 지나고 아르수아Arzua를 거쳐 아르카 오 피노Arca O Pino에 도착했다. 오전 11시. 아직 이른 시간이지만 이곳에서 하루를 더 머물기 위해 알베르게로 향하는 사람들이 많았다. 시내에선 종종 노란 화살표보다 사람들을 따라가며 길을 걷게 될 때가 있다. 나도 사람들을 따라가다 2km 정도 길을 헤맸다. 그들은 산티아고로 향하는 게 아니라 알베르게로 향하고 있었다.

산티아고가 점점 가까워지고 있었다. 마음도, 발걸음도 더 가벼워지는 느낌이었다. 아르카 오 피노를 지나 자전거를 타고 가는 독일 친구 얀을 다시 만났다. 얀은 산티아고에서 제일 많이 마주친 친구다. 그는 산티아고 성당으로 바로 가지 않고 몬테 델 고조Monte del Gozo에서 하루를 머무른 뒤 여자 친구와 같이 성당으로 간다고 했다. 길의 마지막을 함께해 줄 사람이 있는 게 부러웠다. 많은 사람을 만났지만 생각해 보면 난 여전히 혼자였다. '혼자라서 자유로울 수 있었다'라고 스스로 위로하며 계속 달렸다.

몬테 델 고조에 도착해 보니 멀리 산티아고 시내가 한눈에 들어왔다. 마지막 길을 걷고 있는 사람들 얼굴에는 모두 웃음이 가득했다. 무엇을 위해, 무엇을 찾아 길을 나섰을까. 길을 걸으며 무엇을 얻었는지 나는 알지 못한다. 하지만 산티아고에 도착하는 건 큰 기쁨이자 성취일 것이다.

햇볕이 따갑게 내리쬐는 오후, 산티아고 데 콤포스텔라에 도착했다. 프랑스 생장피드포르를 떠난 지 15일 만에 800km를 완주했다. 순례자 사무실에서 '완주 증명서'를 받았다. 커다란 기쁨과 희열, 눈물, 뭐 이런 건 없었다. 가만히 생각해 보면 유럽 횡단 레이스에서 당한 부상은 '일단 멈춤'이었다. 내 몸은 그렇게 잠시 멈추고 나를 돌아보라고 권유했다. 나는 그 권유를 받아들였고, 그래서 지금, 여기, 산티아고에 있다.

카미노 데 산티아고는 나에게 무엇이었을까? 길 위에서 많은 사람을 만났다. 그들 덕에 나는 다시 웃음을 찾을 수 있었다. 그들 덕에 여기까지 올 수 있었다. 카미노 데 산티아고는 '사람의 길'이었다. 나를 돌아보게 해준 성찰의 길이었고, 다시 도전을 꿈꾸게 해준 '희망의 길'이었다. 나는, 다시 달릴 것이다.

다음날 버스를 타고 피스테라Fisterra로 향했다. 다음 일정 때문에 버스를 타는 게 아쉬웠지만 푸른 빛으로 물든 북대서양의 바다는 정말 아름다웠다. '세상의 끝'이라 불리는 이곳 피스테라. 여행자들은 붉게 물든 저녁노을을 바라보며 신발을 태우는 의식으로 여행을 마감한다. 그리고 사람들은 '세상의 끝'에서 새로운 발걸음을 시작한다. 새 꿈을 향해 지금 막 첫발을 뗀 길 위의 친구들이여, 건투를 빈다.

특별한 인터뷰

산티아고에서 만난 인태

산티아고를 걷는 한국인은 여성이 훨씬 많았다. 인태는 산티아고에서 내가 두 번째로 만난 한국 남자였다. 빌바오에 어학연수를 온 그는 스페인 친구들과 카미노 데 산티아고를 걷고 있었다. 나를 보며 반가워하던 웃음이 생생하다. 어린아이 같은 그의 미소가 아른거린다.

산티아고에서 무엇을 느꼈어?

정답은 목적지, 여기 산티아고에 있는 게 아니라 걷고 있는 길 위에 있었어요. 처음엔 이런저런 잡념에 사로잡혀 걸었어요. 어느 정도 시간이 흐른 뒤에 무념에 가까운 상태를 경험했는데 그때부터 안정된 마음가짐으로 걷게 되더라고요. 나를 괴롭혔던 건 조바심, 질투, 게으름이었어요. 이젠, 미래를 걱정하지 말고 하루하루, 현재를 잘 살고 싶어요.

산티아고에 가고 싶은 사람에게 해주고 싶은 얘기가 있다면?

산티아고 데 콤포스텔라엔 아무것도 없어요. 큰 기대는 금물이에요. 하루하루 걷는 과정, 순간순간을 소중히 여기는 게 중요해요. 그러다 보면 어느 순간 나의 결핍, 상처, 욕망 이런 게 보여요. 카미노 데 산티아고는 내 안의 문제를 보게 해줘요. 그걸 비워 내거나 있는 그대로 인정하면 마음이 한결 편해져요. 무거운 마음도, 배낭도 여행하면서 가벼워졌으면 좋겠어요.

세상에서
가장 아름다운 마라톤

히말라야 레이스 160km

히말라야 레이스의 공식 명칭은 '히말라야 100마일 스테이지 레이스'이다. 인도 북부 다르질링 지역에서 열린다. 해발고도 2,000m~3,600m. 세계에서 가장 높은 곳에서 열리는 트레일 러닝 대회이다.

산소가 부족한데 잘 달릴 수 있을까?

히말라야를 달린다고? 나도 산이라면 제법 달리긴 했다. 한라산, 중국의 톈산산맥 줄기, 칠레 아타카마사막의 고원 지대, 알프스산맥……. 하지만 히말라야는 차원이 다르다. 세계의 지붕이 아닌가. 산소가 부족할 텐데 내가 잘 달릴 수 있을까, 하는 의구심이 동시에 들었다.

의구심은 이내 도전 의식으로 바뀌었다. 생각해보니, 아타카마사막 마라톤은 해발 4,000m에서 시작했다. 알프스산맥도 험하기 짝이 없었다. 게다가 히말라야 레이스는 유명 언론이 앞다투어 '세상에서 가장 아름다운 마라톤'이라고 찬사를 아끼지 않았던가.

한 번 더, 생각하면 '히말라야 100마일 런'은 나와 참 잘 어울리는 대회였다. 사하라, 고비, 남극, 북극점……. 되돌아보면 나는 늘 도전했다. 가장 더운 곳, 가장 건조한 곳, 가장 추운 곳. '그래. 이번엔 가장 높은 곳, 히말라야로 가자.'

인도는 생각보다 훨씬 복잡했다. 거리에는 사람과 자동차뿐 아니라 오토바이, 자전거, 소, 말, 돼지가 뒤섞여 있었다. 자동차와 오토바이가 내는 경적이 쉴 새 없이 이어졌다. 너무 '무질서'해서 영원히 '해답'이 없을 것 같다. 숨을 쉬기조차 불편한 뿌연 매연, 소와 돼지가 거리에서 쓰레기를 헤집는 모습, 낡은 담요를 몸에 두르고 먼지 가득한 길거리에 처량한 모습으로 누워있는 사람들, 거리에서 구걸하는 어머니와 등에 업혀 때 묻은 손가락을 빨고 있는 어린아이의 눈빛……. 인도에서 희망을 찾는 건 정말 어려워 보였다. 자신의 몸무게보다 더 무거운 짐을 메고 걸어가는 사람들이 한둘이 아니다. 그들의 삶은 등에 진 짐 무게만큼이나 무거워 보였다. 인도에 관한 첫인상은 혼란스러움이었다. 이건 내가 상상한 인도가 아니다. 석가모니의 고향, 눈빛이 맑은 사람들, 요가와 명상의 나라. 내가 생각하는 인도는 그곳에 없었다.

뉴델리에서 다시 비행기에 몸을 실었다. 2시간 넘게 날아가 인도 동북 쪽에 있는 바그도그라Bagdogra 공항에 도착했다. 인도 북쪽이지만 여름 한낮 기온이 35도를 넘었다. 무더운 데다가 습도까지 높아 가만히 서 있어도 땀이 줄줄 흘렀다.
그동안 달린 많은 대회는 대부분 지구 최고의 오지이거나 남극과 북극 같은 극지에서 열렸다. 너무 먼데다 교통까지 불편해 마라톤을 하기도 전에 몸이 지친다. 이번에도 마찬가지다. 대회 장소로 가려면 바그도그라 공항에서 다시 버스를 타야 한다. 시내를 벗어난 낡은 버스는 작은 마을을 지나더니 이윽고 꼬불꼬불 작은 산길을 달렸다. 2시간 후 버스는 다르질링Darjeeling 지방의 작은 산악 도시 미릭Mirik에 나를 내려주었다. 서서히 날이 저물고 있었다.
안개가 내린 마을은 고요하다. 고지대라 날도 서늘했다. 안개가 점점 산촌의 소읍을 덮어가고 있다. 물감을 뿌려놓은 듯 풍경이 아련하고 신비롭다. 마치 어제 본 인도와 전혀 다른 얼굴을 보여주려는 것 같다. 산과 안개가 어제의 현실과 산골 마을의 비현실을 갈라놓고 있다. 인도도 인도지만 나는 불과 얼마 전 남아프리카공화국에서 사막을 달리고 왔다. 이래저래 히말라야 아래 미릭은, 비현실적이다.

내려놓는 법을 배우다

레이스는 모레부터이다. 도착 다음 날엔 간단한 여행 일정이 잡혀 있었다. 주최 측의 안내를 받으며 두 시간 거리에 있는 다르질링으로 당일 여행을 다녀왔다. 도시는 한라산 백록담보다 더 높은 곳에 있다. 해발 2,248m, 다르질링은 히말라야 자락에 숨어 있다. 히말라야 박물관과 시장을 구경했다. 장난감 같은 증기 기관차도 탔다. 전망대에서 칸첸중가를 눈에 담고 다시 숙소로 돌아왔다.
드디어 경기 첫날이다. 나는 이제 7일 동안 산속에 갇혀 히말라야를 달려야 한다. 멋진 풍경과 신선한 공기 때문일까? 곧 레이스가 시작되는데 이상하게 떨리지 않는다. '그래 즐기자.' 출발 장소는 숙소에서 북쪽으로 25km 떨어져 있다. 해발 2,000m, 네팔 국경지대 마니반장Maneybhanjang에서 첫 레이스를 시작했다. 오늘은 40km를 달려야 한다. 시작부터 오르막이다. 칸첸중가, 마칼루, 로체, 에베레스트.

76

종일 8,000m급 고봉을 보며 히말라야를 달렸다. 해발 3,600m의 산닥푸Sandakphu에 도착했다. 이 높은 곳에도 사람이 산다. 산악마을 사람들 표정이 해맑다.

일주일 동안 미릭, 마니반장, 산닥푸, 림빅RIMBIK, 팔마주아PALMAJUA를 오르내리며 히말라야를 맘껏 달렸다. 산등성이, 소나무 숲, 계곡, 작은 마을을 지나고, 강을 건넜다. 그리고 저녁엔 소박한 산장에서 잠을 잤다. '히말라야 100마일 스테이지 레이스'는 세상 가장 높은 곳에서 가장 멀리 바라볼 수 있는 대회였다. 탁 트인 전망은 '세상에서 가장 아름다운 마라톤'임을 증명하고 있었다.

특히, 해발 3,600m 산닥푸에서 바라본 풍경을 잊을 수 없다. 히말라야는 솜사탕 같은 구름을 이불처럼 덮고 있었다. 마치 내가 구름 위에 떠 있는 것 같았다. 하늘 위 새로운 세상에 내가 서 있는 듯 신비로웠다. 그뿐 아니다. 해가 질 무렵이면 칸첸중가와 에베레스트산이 붉게 물든다. 높은 산과 만년설, 석양이 만들어 내는 광염 소나타 빛의 변주는 이 세상 것이 아니었다. 자연이 창조한 '지구의 예술' 같았다. 히말라야의 장엄함과 몽환적인 풍경을 세상의 언어로 다 표현할 수 있을까? 내가 지금 '세계의 지붕'에 서 있다는 것이 너무 감격스러웠다.

히말라야는 존재 자체가 경이였다. 히말라야는 가만히 있는데, 왠지 나에게 존재에 대한 질문을 던지는 것 같았다. 그 순간, 나는 달리는 게 아니라, 히말라야 품에 포근하게 안겨 있다는 생각이 들었다. 그날 이후로, 나는 도전이라는 말을 잊기로 했다. 울트라, 마라톤, 레이스, 100마일, 스테이지. 이 모든 낱말도 일주일 동안 지우기로 했다. 히말라야는 나에게 내려놓는 법을 일깨워 주었다.

내가 여기에 온 까닭은 도전 의식과 미지의 세상을 향한 궁금함이었다. 하지만 다음에 또 이 대회에 참가한다면, 나는 그냥 히말라야의 품에 안기러 올 것 같다. 겸손하게 말해보자. 나는 7일 동안 이어진 경주에서 세 번째로 들어왔다. 이게 히말라야에 어울리는 표현이다. 3위, 동메달이 아니다. 그냥, 세 번째로 히말라야 달리기를 마쳤을 따름이다.

1만 명이 알프스를 달린다

울트라 트레일 몽블랑

UTMB

세계 최대, 최고의 트레일 러닝 대회. 울트라 트레일 몽블랑은 난이도에 따라 7개 코스 중 하나를 달릴 수 있다. 울트라 트레일 몽블랑은 대회 이름이자 최고 난도의 코스명이다. 프랑스, 스위스, 이탈리아를 넘나들며 2박 3일 동안 쉬지 않고 달려야 하는 극한의 레이스이다.

레이스가 아니라 축제 같다

울트라 트레일 몽블랑UTMB, Ultra Trail Mont Blanc은 매년 8월 마지막 주말, 또는 9월 첫째 주말에 프랑스의 산악 도시 샤모니Chamonix에서 열린다. 샤모니는 프랑스의 남동부 오트사부아주에 있는 인구 1만 명이 사는 소읍이다. 알프스산맥의 최고봉인 몽블랑을 오르고 구경하는 전초기지 같은 마을로, 제1회 동계올림픽이 열렸다. 스위스와 이탈리아 국경과 맞닿은 접경 마을이다. 몽블랑을 구경하고 스키와 트레킹을 즐기러 1년 내내 많은 관광객이 찾는 휴양 도시이다. 몽블랑Mont Blanc은 '흰 산'이라는 뜻이다. 알프스산맥에서 가장 높은 봉우리로 높이는 4,807m이다.

울트라 트레일 몽블랑은 프랑스, 스위스, 이탈리아 국경을 넘나들며 아름다운 알프스산맥을 따라 달린다. 세계에서 가장 규모가 큰 울트라 트레일 대회로, 매년 1만 명이 넘는 러너가 참가한다. 코스는 난이도거리 및 누적 고도에 따라 7개로 나누어져 있다. 이 중 가장 대표적인 코스는 171km누적 고도 10,040m를 2박 3일 쉬지 않고 달리는 울트라 트레일 몽블랑이다. 상징적인 이 코스 이름을 그대로 대회명으로 사용한다. 171km 코스의 제한 시간은 46시간이다. 쉬지 않고 2박 3일을 달려야 완주할 수 있다. 잠을 자지 않고 레이스를 하는 데다 누적고도 10,000m를 반복해서 오르내려야 한다. 더욱이 체크포인트마다 제한 시간을 적용하고 있어서 완주하기가 쉽지 않다. 이 외에 주요 코스는 CCC 코스98km, 누적고도 5,600m, TDS 코스105km, 누적고도 6,700m, 팀 릴레이 코스인 라피티트 트로타 리옹La Petite Trotte a Leon, 245km, 누적고도 21,000m 등을 꼽을 수 있다.

이 대회의 메인 코스인 UTMB는 금요일 오후 5시에 출발한다. 내가 출전했을 때는 이 코스에 참가하는 선수만 약 2천 명이었다. 대회 분위기는 트레일 러닝 대회라기보다는 축제 같았다. 샤모니 광장에는 선수들로 가득했고, 거리엔 마을 사람들과 관광객으로 발 디딜 틈이 없었다. 관람객들은 길게 줄을 서서 선수들을 격려하고 있었다. 다른 코스에 참여하는 선수와 대회 관계자, 서포터, 여행객을 포함하면 약 10만 명이 울트라 트레일 몽블랑을 즐긴다. 지금은 세계 최고 울트라마라톤

Columbia
Sportswear Company
Glacier Chocolatier
SALOMON

대회로 성장했지만 UTMB도 시작은 미약했다. 2003년 첫 대회 때는 722명이 참여해 불과 67명만 완주했다. 지금은 2,500여 명이 참여해 1,500명 안팎이 완주한다. 안타깝게도 2020년 대회는 '코로나-19' 사태로 모든 코스의 경주가 취소되었다.

대한민국의 UTMB 첫 완주자

대회 첫날엔 아침부터 안개비가 내렸다. 비인지 안개인지 분간하지 못할 진한 운무가 코스에 내려앉아 시야 확보가 쉽지 않았다. 엎친 데 덮친 격으로, 음식을 잘못 먹었는지 배탈까지 났다. 수시로 야외 화장실에 들르다 보니 어느새 날이 저물었다. 안개비에, 배탈에, 여기에 날까지 저물자 정신이 없었다. 걷다 뛰기를 반복하며 '악몽' 같은 밤을 관통했다. 어느새 새벽이 오고 있었다. 몸은 거의 탈진 직전이었다. 78km를 달려 이탈리아의 꾸르마이어Courmayeur에 있는 중간 지점에 도착했다. 이곳에서 음식을 먹고 휴식도 취했다. 좀 쉬고 나자 몸이 한결 가벼워졌다.
꾸르마이어를 통과한 지 얼마 지나지 않아 기적처럼 날이 맑아졌다. 푸른 하늘과 알프스의 멋진 풍경을 맘껏 즐기며 앞으로 나아갔다. 체크포인트가 있는 엘레나Elena 산장을 넘어 100km 지점인 그랑 콜 페레Grand Col Ferret 정상으로 향했다. 이번 대회 코스 중 가장 높고 경사도 심했다. 모든 러너가 거북이걸음으로 힘겹게 정상으로 향한다. 힘겹게 해발 2,537m 정상에 올랐다. 심장이 터질 것 같다. 그랑 콜 페레는 이탈리아와 스위스의 국경이 만나는 곳이다. 북쪽을 바라보면 스위스 알프스가, 남쪽으로 고개를 돌리면 이탈리아 알프스가 그림처럼 펼쳐진다. 대회 코스 중 가장 아름다운 알프스 풍광을 볼 수 있었다.
다시 날이 어두워지고 있었다. 헤드랜턴에 의지해 다시 오르막과 내리막을 반복해야 한다. 2일째 잠을 자지 못했다. 피로도가 극에 달했다. 비몽사몽, 정신없이 산을 오르고 내리기를 반복하는 사이 어스름 푸른 새벽이 오고 있었다. 코스의 마지막 산 정상에 오르자 날이 밝아왔다. 멀리 몽블랑이 보였다. 이제, 레이스의 끝이 보이기 시작했다.

나는 스틱을 준비하지 못했다. 참가자 대부분이 사용했으나 이에 대한 정보가 없었다. 2일 밤을 꼬박 새우며 두 다리로 버텼다. 나는 힘겹게 걷고 달리며 '다시는 100km가 넘는 울트라 트레일 러닝 대회에는 참가하지 않겠다'라고 수없이 다짐했다. 세계에서 가장 유명하지만, 나에겐 생애 가장 힘들었던 울트라 트레일 러닝 대회가 끝났다. 같이 뛴 선수들과 자원봉사자, 거리에서 격려의 박수를 보내준 수많은 사람의 응원, 그리고 아름다운 알프스산맥의 풍경 덕에, 나는 대한민국 최초의 UTMB 완주자가 되었다.

UTMB 상세 안내

세계 최고, 최대 트레일 러닝 대회

울트라 트레일 몽블랑UTMB, Ultra Trail Mont Blanc은 프랑스의 샤모니 지역에서 열리는 세계 최대, 최고의 트레일 러닝 대회이다. 난이도 별로 7개의 코스가 있고, 이중 가장 상징적인 코스인 UTMB 코스171km, 누적고도 10,000m를 대회명으로 사용한다. 2003년 첫 대회를 시작했으며, 현재는 100여 개 나라에서 10,000명 이상이 참가한다. 인간과 자연에 대한 존중을 중요 가치로 여긴다. UTWTUltra Trail World Tour의 대표 대회이며, 모든 트레일 러닝 대회의 롤모델이다.

코스 안내

① UTMB
거리 171km 누적고도 10,040m 제한 시간 46시간 30분 참가자 약 2,500명 출발지 Chamonix

② CCC
거리 101km 누적고도 6,100m
제한 시간 26시간 30분 참가자 약 2,000명
출발지 Courmayeur

③ TDS
거리 145km 누적고도 9,100m 제한 시간 44시간 참가자 약 1,700명 출발지 Courmayeur

④ OCC
거리 56km 누적고도 3,500m 제한 시간 14시간 30분 참가자 약 1,600명 출발지 Orsières

⑤ MCC
거리 40km 누적고도 2,300m 제한 시간 10시간 참가자 약 1,500명 출발지 Martigny-Combe 참고사항 자원봉사자, 조직위원회, 지역주민들을 위한 레이스

⑥ PTL
거리 300km 누적고도 25,000m 제한 시간 152시간 30분 참가자 총 100팀(3인 1팀)
출발지 The Centrale d'Orsières

⑦ YCC
거리 15km 누적고도 1,100m 참가자 약 300명
출발지 Chamonix 참고사항 알프스 지역의 청소년들이 참가하는 레이스

인류의 고향 푸른 사막을 달리다

칼라하리사막 마라톤 245km

KALAHARI DESERT

남아프리카공화국 북서부의 칼라하리사막, 해발 820~1,200m의 고원지대. 이곳은 현생 인류의 고향이다. 20만 년 전, 우리의 먼 조상은 칼라하리에서 위대한 여행을 시작해 전 지구로 퍼져나갔다. 나는 지금, 인류의 시원을 달리고 있다.

흡혈귀 같은 날파리의 습격

칼라하리사막 익스트림 마라톤 대회는 남아프리카공화국의 아우그라비스Augrabies 국립공원과 칼라하리사막Kalahari Desert에서 열린다. 아우그라비스 국립공원은 남아공 북서쪽 나미비아 국경지대 오렌지강을 따라 형성되어 있다. 높이 60m에 이르는 아우그라비스 폭포가 흐르고, 거대한 협곡과 야생 동물을 구경할 수 있는 고원지대다. 특히 비가 많이 내리는 우기 때는 아우그라비스 폭포가 장관을 이루기 때문에 많은 사람이 찾는다.

칼라하리사막은 남아공 북서쪽 고원지대해발 820~1,200m에 있다. 사막이라고는 하지만 모래보다 바위와 협곡이 많고, 다양한 풀과 야자나무, 선인장이 자란다. 영양, 타조, 기린 등 야생 동물들이 뛰노는 풍경도 자주 볼 수 있다. 나는 이런 멋진 풍경 속을 달리는 상상을 하며 이곳에 왔다. 그런데 그게 아니었다.

"이런 레이스는 처음이에요."

나는 한숨을 내쉬며 말했다.

"저도 마찬가지예요. 이것 보세요."

한 참가자가 날파리에 물린 자국들을 보여주었는데 마치 두드러기가 번진 것처럼 팔과 다리, 온몸이 붉은 반점으로 가득했다. 소름이 끼쳤다.

칼라하리사막에서의 대회 첫날, 우리를 반긴 것은 사자도, 코끼리도, 치타도 아닌 흡혈 날파리였다. 대회 기간 내내 먹을 음식 때문에 배낭이 무겁고 날씨도 더웠지만, 그보다 더 힘든 것은 날파리의 공격이었다. 하루살이보다 조금 큰 파리는 모기처럼 피부에 달라붙어 피를 빨아먹었었다. 무리를 지어 사람들을 따라다녔다. 달리는 내내 눈과 입, 코로 들어와 레이스를 할 수 없을 정도였다.

얼굴 가리개를 준비하지 못해 임시방편으로 버프 마스크나 천 가리개를 쓰고 달렸지만 그것도 효과적이지는 않았다. 얼굴뿐 아니라 팔과 다리에 달라붙어 피를 빨아먹기 때문에 온몸이 따갑고 간지러웠다. 체크포인트에 도착하니 자원봉사자와 스태프들도 모두 얼굴 가리개를 쓰고 있었다.

"날파리들이 너무 많아요. 레이스를 할 수 없을 정도예요"

"우리도 너무 힘들어요."

이 대회는 벌써 10회째인데 이렇게 날파리가 많은 건 처음이라 주최 측도 난감해 했다. 며칠 전 비가 많이 내려서 그런 것 같다고 말했다.

"긴소매 옷을 입고 달리세요."

배낭 깊숙이 박혀있는 옷을 꺼내는 게 귀찮아 그냥 달렸다.

날파리의 공격은 때로 웃음을 만들어 내기도 했다. 얼굴 가리개를 준비하지 못한 참가자들이 풀과 나뭇잎으로 얼굴을 가렸다. 전쟁터 나가는 군인처럼 안면 위장을 하고 달리는 모습이 안쓰럽기보다 왠지 우스웠다.

날파리는 모기보다 더 따갑게 피를 빨아 먹었다. 사하라의 더위보다, 남극과 북극의 추위보다도 더 큰 훼방꾼이었다. 첫날 레이스를 마치고 텐트에 들어왔지만 이곳도 날파리 천지였다. 웃옷을 벗고 싶었지만 그럴 수도 없었다.

초원 지대에서 기린과 코끼리, 타조가 뛰어노는 모습을 상상하며 남아프리카까지 날아왔는데, 엉뚱하게도 날파리 때문에 육체적인 고통보다 더 심한 스트레스에 시달리고 있었다. 남아프리카에 대한 기억은 초원이나 야생 동물이 아니라 날파리로 가득할 게 틀림없었다. 꿈에 나타나지 않을까 걱정이다. 내일부터는 날이 맑고, 코스가 달라 날파리가 없을 거라고 했다. 그 말에 희망을 걸 수밖에 없었다.

한밤중의 날벼락, 자다가 캠프를 옮기다

사막의 밤은 평화롭다. 소나기처럼 쏟아지는 별빛, 별빛 사이로 유난히 밝은 빗금을 그으며 떨어지는 유성들. 날씨가 따뜻할 때는 텐트 밖에서 침낭을 깔고 잠을 자기도 한다. 사막에 누워 밤하늘의 별을 향해 소원을 빌고 있으면 그렇게 행복할 수가 없다. 내가 세상에서 가장 행복한 사람이 같다. 사막의 밤은 고요하고 평화롭고 아름답다.

벌써 대회 3일째다. 강바닥이 드러난 협곡에서 레이스가 시작됐다. 모래와 협곡, 자

136

NEW PER
RaidLight
2009
124

2009
139
Jörg

사막의 밤은 평화롭다. 소나기처럼 쏟아지는 별빛, 유난히 밝은 빗금을 그으며 떨어지는 유성들. 사막의 밤은 고요하고 평화롭고 아름답다.

갈길이 반복됐다. 자갈길을 달리면 발톱과 발가락이 충격을 많이 받는다. 결국, 내 발가락에도 이상이 오기 시작했다. 발톱이 검게 멍들더니 갈수록 통증이 커졌다. 달랑달랑 발톱이 흔들리는 걸 느끼며 달렸다. 대회를 마치고 결국 발톱 2개와 이별했다.

사막이라고 다 같은 사막이 아니다. 사하라, 고비, 아타카마. 내가 달린 사막은 '사막'이라는 환경, 그러니까 황량한 땅이라는 것 빼고는 다 달랐다. 칼라하리도 마찬가지다. 같은 아프리카에서 있어서 사하라사막과 비슷할 거로 생각했는데, 풍경이 전혀 다르다. 이곳엔 사하라처럼 산 같은 모래언덕이 없다. 협곡과 구릉, 자갈밭도 많다. 색깔도 달라서 사하라가 노랗다면 이곳은 붉다. 색다른 풍경이었다.

정오가 가까워지면서 기온이 섭씨 45도까지 올랐다. 여긴 사막인데도 높은 습도로 온몸이 땀으로 범벅이 된다. 불쾌 지수도 높다. 높은 습도와 더위는 레이스를 힘들게 했다. 날파리의 공격이 줄어든 건 그나마 다행이었다. 즐거움도 있었다. 레이스 도중 기린을 보았고, 영양의 일종인 스프링복Springbok도 만났다. 이곳이 아프리카라는 게 실감이 났다. 아프리카의 매력에 빠져 달리다 보니 하루가 지나고 날이 저물었다.

사막에서는 불빛이 없기에 잠을 일찍 잔다. 난 저녁 8시부터 잠자리에 들었다. 한참 깊은 잠에 빠져있다가 밖이 소란스러워 눈을 떴다. 밤 10시가 조금 넘은 시간이었다. 텐트 밖으로 나가자 아프리카 현지인이 많이 와 있었다. 주최 측과 언쟁이 오가고 있었다. 점점 사람들이 많이 모여들었다. 목소리도 커졌다. 참가자들이 놀라 일어나기 시작했다.

사막 마라톤은 대부분 매해 장소를 바꿔가면서 진행한다. 이번 대회도 마찬가지였는데, 지형의 경계선이 명확하지 않아 주최 측이 실수로 캠프를 마을 소유의 땅에 설치한 모양이다. 일부러 텐트를 친 게 아니니 이해해주기를 기대했으나 현지인들은 막무가내였다. 결국, 주최 측과 마을 사람들은 이견을 좁히지 못했다. 캠프를 옮기기로 결론이 났다.

'아! 이게 무슨 마른하늘에 날벼락이란 말인가.'

우리가 머무는 곳은 농지도 아니고, 목장도 아니었다. 그냥 사막 한가운데였다. 현지인들이 조금만 이해해주기를 바랐으나 요지부동이었다. 깜깜한 밤중에 헤드랜턴에 의지해 짐을 싸고 텐트를 걷은 후 자정이 넘은 시각, 버스를 타고 캠핑 장소를 다른 곳으로 옮겼다. 한밤중의 소동은 새벽 2시가 넘어 겨우 끝났다.

갖은 음식을 싸 온 남아공의 '뚱보' 딕

비만이어도 사막 레이스를 수 있을까? 할 수 있다. 걸으면 된다. 종일 걸으면서 살도 빼고 사막 구경도 하면서 레이스를 즐기면 된다. 물론 약간의 준비는 필요하다. 남아공에 사는 딕이라는 친구는 뚱뚱했다. 100kg이 넘는 거구였고 말 한마디 행동 하나하나가 다소 엉뚱하고 재미있는 친구였다. 그는 대회 내내 참가자들에게 큰 웃음을 주었고 그래서 인기가 많았다.

참가자 대부분이 배낭을 가볍게 하려고 건조 음식을 가지고 온다. 나는 매일 라면과 누룽지, 건조 비빔밥 등으로 식사를 해결했다. 외국인들이라고 크게 다르진 않다. 산에서 먹을 수 있는 인스턴트 건조 음식이나 비스킷, 초콜릿 등을 가지고 온다. 하지만 딕은 달랐다. 그의 배낭 안에는 소시지와 진공 포장한 생고기, 참치 캔 등 음식이 가득했다. 배낭의 무게도 15kg은 족히 넘어 보였다.다른 사람들의 배낭은 보통 8~10kg이다. 딕은 밀가루를 가지고 와 물에 반죽해 숯불에 빵을 구워 먹기도 했다. 이것은 시작에 불과했다. 딕이 생고기와 소시지를 구워 먹을 때는 냄새가 사방으로 퍼졌고 "이게 무슨 냄새냐?"며 텐트 안에 있던 사람들이 밖으로 나왔다. 사막 레이스에서는 음식을 마음껏 먹을 수 없기에 음식 냄새에 예민해질 수밖에 없다. 먹고 싶은 음식도 많아진다. 사막에서 고기를 구워 먹는다는 것은 상상하지 못한 일이었다. 딕이 고기를 구울

167
Ahn

KALAHARI
AUGRABIES
MARATHON
NAMAQUA

때마다 모두 부러운 눈빛을 보냈다. 나도 지글지글 기름이 떨어지는 고기를 한 점이라도 먹고 싶었다. 사막에서 맛있는 음식을 먹으려면 수고가 따른다. 딕은 이 모든 것을 감수하면서 고기와 소시지를 구워 먹고 있었다. 그는 온갖 음식을 다 먹었다. 그의 배낭에 무엇이 숨겨져 있는지 뒤져보고 싶을 정도였다.

사막에서는 남에게 음식을 달라고 하기 어렵다. 가끔 남은 음식을 버릴 때는 달라고 할 때도 있지만, 대부분은 남의 음식을 탐하지 않는다. 먹고 싶어도 그것은 절대 예의가 아니다. 음식의 양이나 종류를 정하는 건 각자의 선택이다. 배낭이 무겁더라도 맛있는 음식을 먹으며 레이스를 즐기느냐, 아니면 배고픔을 참고 레이스를 하느냐는 전적으로 자신이 결정해야 한다.

하루는 딕과 같은 텐트를 사용했다.

"딕, 그게 뭐야?"

"진저."

자세히 보니 그가 들고 다니며 먹는 것은 생강이었다. 맛을 보라고 생강 한 조각을 건네주었다. 그가 준 생강의 맵고 톡 쏘는 맛을 지금도 잊을 수 없다. 외국 친구들이 생강을 생으로 먹는다는 걸 그때 처음 알았다. 그는 일주일 내내 생강을 들고 다니며 먹었다. 그 후로 나는 사막에 갈 때 생강 대신 생마늘을 가지고 간다. 입맛을 잃어버렸을 때 매운 마늘 한 조각을 씹으면 입 안이 얼얼해지고 정신이 번쩍 든다.

내일 레이스만 끝나면 마음껏 음식을 먹을 수 있다며, 지그시 웃으며 딕이 말했다.

"안! 내일이 마지막이야."

"벌써 그렇게 됐네."

"내일은 스테이크와 맥주를 실컷 먹자고."

맥주, 콜라, 주스, 스테이크, 과일, 피자, 햄버거……. 딕은 레이스 내내 먹는 얘기를 했다. 다음 날 시상식이 끝나고, 나는 딕이 읊었던 음식과 맥주를 실컷 먹었다. 밤늦게까지 파티가 이어졌다. 칼라하리 사막에서의 밤이 깊어 가고 있었다.

다음 날 아침, 요하네스버그까지 12시간 동안 버스를 타고 이동했다. MP3를 꺼내 버스 안에서 김광석의 '바람이 불어오는 곳'을 들었다. 그의 노래를 들으며 스르르 잠이 들었다.

> 바람이 불어오는 곳, 그곳으로 나는 가네. 꿈에 보았던 길, 그 길에 서 있네. 설렘과 두려움으로 불안한 행복이지만, 우리가 느끼며 바라본 하늘과 사람들. 힘겨운 날들도 있지만, 새로운 꿈들을 위해 바람이 불어오는 곳, 그곳으로 가네. 햇살이 눈 부신 곳, 그곳으로 가네. 바람에 내 몸 맡기고 그곳으로 가네.
>
> —김광석의 '바람이 불어오는 곳'

사막 마라톤 준비물 체크 리스트

사막 마라톤은 일주일간 자신의 장비와 음식을 배낭에 메고 달리는 서바이벌 마라톤 대회다. 대회 주최 측에서는 하루 9리터의 물과 텐트만 제공한다. 배낭 무게는 음식과 장비가 결정한다. 가볍게 가지고 가는 사람은 8kg, 많이 넣은 사람의 배낭 무게는 15~20kg이지만, 대부분 10kg 안팎이다. 인스턴트 음식이나 뜨거운 물을 부어 먹을 수 있는 건조식품을 준비하면 된다.

물품은 주최 측에서 요구하는 필수장비와 개인이 가지고 가는 선택 장비로 나뉜다. 대회 시작 전 주최 측은 물품 검사를 꼼꼼히 한다. 음식이 부족하거나 필수장비가 하나라도 빠지면 대회에 참가할 수 없다.

필수장비 30리터 배낭, 침낭, 헤드랜턴(2), 나침반, 옷핀(20), 맥가이버 칼, 호각, 알루미늄 시트, 거울, 모자, 선글라스, 윈드 재킷, 롱 타이츠, 신발, 반바지, 반소매 옷, 긴소매 옷, 에너지 보충 식품

선택 장비 티셔츠, 여벌 긴소매 옷, 침낭 커버, 트래킹 폴, 양말, 각반, 물 백(물병 포함), 버프, 슬리퍼, 립크림, 선크림, 코펠, 수저, 여행용 휴지, 물티슈, 지퍼락, 칫솔, 치약, 시계, 구급 용품(근육 이완 로션, 반창고, 테이프, 진통제, 두통약, 변비약), 수건, 장갑, 매트리스, 책, 카메라

일주일 식료품 건조 비빔밥, 누룽지, 라면, 수프, 커피, 차, 건조 과일(바나나, 건포도, 파인애플), 알파미, 김 볶음, 파래 볶음, 소시지, 영양갱, 깻잎, 선식, 초콜릿, 육포, 햇반, 참치, 카레, 짜장, 비스킷, 마늘 통조림, 고추 통조림, 고추장

캥거루의 나라를 달리다

오스트레일리아 울트라 레이스 250km

오스트레일리아 울트라 레이스에서 카를로스, 프란체스코, 알리 등 그동안 사막에서 함께 뛰었던 친구들을 만났다. 그들을 다시 보는 건 늘 즐겁다. 그래도 가장 기억에 남는 건 밤하늘이다. 매일 둥근 달이 나를 보고 미소 지었다.

둥근 달이 미소 짓네

캥거루의 나라 오스트레일리아. 동서의 길이가 4,000km가 넘고, 해안선 길이가 25,700km인 하나의 대륙이자 섬. 대회는 오스트레일리아 북부 킴벌리Kimberley 지역 쿠누누라Kununurra에서 열렸다. 호주 북부 도시 다윈에서 서남쪽으로 약 700km 떨어져 있다. 다윈과 쿠누누라에서 니콜 키드먼이 주연한 영화 <오스트레일리아>를 촬영했다.

오스트레일리아 레이스는 다른 사막 마라톤처럼 일주일간 250km를 달리는 서바이벌 경기다. 세계자연문화유산이자 기기묘묘한 원형 바위산 지대 벙글 벙글즈Bungle Bungles와 바오밥 나무, 스피니펙스Spinifex라 불리는 가시덤불, 갈대숲이 있는 초원 지대 그리고 강, 협곡을 달린다.

첫날부터 몸이 좋지 않았다. 오후 내내 토했다. 결국 메디컬 텐트로 가서 포도당 주사 두 통을 맞았다. 레이스는 힘들게 시작했지만, 다행히 그 다음부터는 오스트레일리아 자연을 즐기며 달렸다. 섭씨 40도가 넘는 날도 많았다. 강이 나타나면 물속으로 뛰어들었다. 200m가 넘는 강을 헤엄쳐 건너는 코스도 있었다.

카를로스, 프란체스코, 알리 등 그동안 사막에서 함께 뛰었던 친구들을 만났다. 그들을 다시 보는 건 늘 즐겁다. 바위산 위에서 침낭 하나 깔고 야외에서 잠을 잤던 기억이 새롭게 떠오른다. 갑자기 강풍이 불고 소나기가 쏟아져 텐트를 지키기 위해 갖은 애를 썼던 일과 순식간에 캠프가 물바다로 변한 일도 잊을 수 없다. 그날 나는 하늘을 향해 두 팔을 벌리고 소나기를 맞았다. 동심으로 돌아간 그 날을 오래 잊지 못할 것이다. 그래도 가장 기억에 남는 건 밤하늘이다. 힘든 레이스가 끝나면 침낭을 깔고 누웠다. 매일 별들이 반짝반짝 인사를 했고, 매일 둥근 달이 나를 보고 미소 지었다. 그 선명하고 포근한 기억을 어떻게 잊을 수 있을까?

racing theplanet.
43
AUSTRALIA
2010

SAVE THE CLIMATE:
ENERGY REVOLUTION!
GREENPEACE
58
AUSTRALIA
2010
LEADER
AUSTRALIA
2010
3
AUSTRALIA
2010

특별한 인터뷰 1

의료 자원봉사자 한인혜

뉴욕에서 응급의학 의사로 활동하는 인혜는 한국말이 서툴다. 가끔 "나 비빔밥 좋아해!", "나 김치 먹을 수 있어!"라는 얘기를 하는 걸 보면 역시 '한국 사람이구나'라는 생각이 들곤 한다. 칠레 아타카마 사막 마라톤 대회에 카메라맨으로 참가했을 때 그녀를 처음 만났다. 인혜는 이제 달리기를 시작했고 다음에는 선수로 함께 만나자고 약속했다.

이 대회에 참가하게 된 동기는?

원정 의학실외에서 하는 의학 치료에 관심이 많아. 실내 치료에서 벗어나 의사가 밖으로 나와 치료해 주는 개념이라고 생각하면 돼. 이를 통해 그룹의 한 부분이 되고 그들을 통해 여러 가지 문화, 세상을 사는 방식 등을 배울 수 있지.

사람들이 이런 힘든 경기에 참여하는 것에 대해 어떻게 생각해?

달리기를 좋아하는 사람끼리 공감하고 우정을 나누는 것을 사랑하는 거 같아.

다친 선수들 컨디션은 어때?

경기중 많은 부상자가 생겨. 너처럼 금방 회복하는 사람도 있지만 레이스를 포기할 만큼 상태가 악화하는 사람도 있어.

자원봉사자로 일하면서 특히 힘들었던 점은 뭐야?

의학 소모품이 넉넉히 지원 안 되니까 아픈 사람들을 마음껏 치료할 수 없었어. 그리고 의사소통 문제, 극한의 날씨 같은 게 힘들었지.

참가자들에 대한 네 생각은?

(좋은 쪽으로) 미친 사람들이라고 생각해. 자기 동기 부여가 강하고 정신력이 대단해.

러너로 참가하고 싶은 마음은 없니?

내가 러너가 될 수 있을지 나도 궁금해. 그리고 고민 중이야.

나에 대해서는 어떻게 생각하는지 말해줄래?

너는 첫날 많이 아팠어. 그런데도 빠르게 회복해서 다음 날 경기에서 2위로 들어왔지. 정말 놀라웠어! 네 신체가 하룻밤 사이 모든 기후와 환경에 적응해버린 것 같았어. 너는 매우 강한 러너야!

특별한 인터뷰 2

의사 피터 반 반가든

피터Peter van Wijngaarden는 오스트레일리아가 고향이다. 프로필을 보니 마라톤 풀코스기록이 2시간 20분대였다. 난 그가 당연히 프로 선수인 줄 알았다. 그래서 처음에는 많이 경계했으나, 나중에 직업이 의사라고 해서 많이 놀랐다. 대회 시작과 함께 우린 서로 경쟁하면서 달렸지만, 하루 사이에 가까워졌다. 알수록 특별한 매력을 가진 친구였다.

이번 대회에 참가하면서 얻은 게 뭐지?

오스트레일리아 레이스는 내게 큰 도전이었어. 이 경기는 오지의 극한 환경에서 내 육체적 한계를 탐험하는 기회를 줬지. 이 경기 전에는 한 번에 60km 이상을 달려 본 적이 없어. 그러니 경기를 무사히 마친 지금 너무 만족스러워. 이제 나는 아무리 힘든 장애도 이겨낼 수 있을 것 같아.

이번 레이스에 참가하게 된 동기는?

가장 큰 동기는 아름다운 자연에서 내 물리적, 정신적 한계를 시험해보고 싶었기 때문이야. 이 경기를 통해 나는 놀라운 경험을 했고, 내 삶에 또 다른 하이라이트가 됐어.

이 대회에 참가하기 위해 어떤 준비를 했어?

준비가 부족했어. 지난해 8월까지 끝내야 하는 마지막 안과의사 시험 준비 때문에 너무 바빴어. 11월부터 정기적인 운동을 시작했고 1월 중순쯤 이 경기에 대해 듣게 되었어. '자신의 장비와 음식만으로 250km의 사막과 오지를 뛴다!' 처음 들었던 생각은 '세상에 그런 미친 경기가 다 있다니!' 였어. 하지만 며칠이 지나지 않아서 나도 참가하고 싶어졌어. 흥분됐지. 참가 신청 뒤 운동량을 평소보다 3배로 늘렸어. 하루 30~35km를 달렸지. 연습량을 급격히 늘려 작은 부상을 입기도 했지만, 정기적으로 물리치료사에게 치료를 받았지. 또 얼음 욕조가 회복에 도움이 되는지 시험해보기도 했어.

경기 중 들었던 생각은?

달리기에 몰입하면서 고통을 씻어내는 방법을 터득했지. 정신적인 힘이 내 몸에 영향을 미쳤어. 힘들 때는 내 삶에 힘을 주는 아내, 가족, 친구들을 생각했어. 긍정적인 생각을 하면 내가 가진 것보다 훨씬 많은 걸 해낼 수 있다는 걸 깨달았어.

이번 대회에서 가장 힘들었던 점은?

내리쬐는 한낮의 태양과 부족한 물이었어. 그리고 경기 중 더는 뛸 수 있는 에너지가 없다고 느꼈을 때야. 특히 2, 3일째 되는 날이 힘들었는데, 3일째 가졌던 만찬 덕분에 다시 뛸 에너지가 얻었어. 며칠 이어지는 경기에선 충분한 영양 섭취와 물, 에너지 공급이 얼마나 중요한지 절실히 깨달았지.

경기 중 힘들 때는 어떻게 이겨냈어?

가족과 친구들을 생각했어. 또 내가 아는 사람들이 직면하고 있는 어려움을 생각하며 내 도전과 비교해봤지. 한 예로 암과 싸우다 사랑하는 사람을 잃은 분을 생각하니까 내가 직면한 도전은 그런 어려움에 비해 훨씬 작은 거였어. 정신적으로 긍정적이어야 이런 힘든 상황을 극복할 수 있다고 믿어!

이번 레이스에서 가장 기억에 남는 건 뭐야?

경기 4일째 텐트를 치지 않고 보름달 빛이 가득한 하늘 아래 비상용 커버빛이 반사되는 얇은 은박 재질를 깔고 잠을 잤어. 한밤중에 가슴이 시원하고 젖은 느낌이 들어 깼는데 작은 개구리 한 마리가 앉아 있는 거야! 이런 일이 그날 밤에 몇 번 더 일어났어. 나는 혼자 웃을 수밖에 없었어. 달빛이 비상용 커버에 반사되어 마치 연못 표면 같아 보였고, 내 실루엣은 연못에 떠 있는 통나무처럼 보였던 것 같아. 이건 기대하지 않은 작은 해프닝이었지만, 내게는 보물과도 같은 너무 소중한 순간이었지!

네가 달리는 이유는?

일상의 스트레스에서 벗어나 자연을 즐기고 도전을 하고 싶기 때문이야. 또 달리는 동안 만나는 사람들도 너무 소중해. 내 소중한 친구들이 대부분 달리기를 하는 동안 만난 사람들이기 때문이야.

사람들이 왜 이렇게 힘든 경주에 나온다고 생각해?

이런 레이스는 우리 일상에서 가장 멀리 떨어져 있는 자연 속에서 열리지. 많은 사람이 이런 극한의 조건에서 자신을 시험해보고 싶어 하기 때문이 아닐까? 우리는 일상생활에서 이런 특별한 경험을 할 수 없어. 이런 경기는 우리에게 특별한 경험을 주지.

익스트림 경기에 관심 있는 사람들에게 하고 싶은 얘기가 있다면?

두려움에 짓눌리거나 자기의 가능성에 대해 불확실해 하지마! 네가 준비할 수 있는 만큼, 열심히 연습해서 경기에 참여해봐! 절대 후회하지 않을 거야!

나에게 하고 싶은 얘기는?

오스트레일리아 레이스에서 너를 만날 수 있어서 너무 기뻤어! 너는 기술이 필요한 코스에서 진짜 재능을 보여줬어. 동료선수들을 챙겨주는 신사적인 모습과 관대함을 가졌고, 타고난 재능을 가지고 있어. 그리고 넌 가장 험하고 힘든 지형을 아주 빠른 속도로 달릴 수 있는 세계에서 몇 안 되는 강한 러너야. 앞으로도 극한의 레이스를 성공적으로 즐길 거라고 확신하고 있어.

STAGE 4

프랑스와 독일 종단부터 파타고니아 레이스까지

북에서 남으로
감동의 프랑스 종단

프랑스 종단 레이스 1,150km

RUN THROUGH FRANCE

종단 대회는 울트라 트레일 러닝보다 더 힘들다. 그걸 알면서도 나는 다시 도전장을 내밀었다. 마라톤에서, 울트라 트레일 러닝으로, 다시 종단 레이스로. 더 멀리, 더 오래 달리고 싶은 욕망이 나를 프랑스 종단 레이스로 이끌었다.

La Transe Gaule
TRANSE GAULE 2010
01
La Transe Gaule
43

더 오래, 더 멀리 달리고 싶었다

1,150km 더하기 1,200km는 2,350km다. 프랑스 북쪽 끝에서 남쪽 끝까지 거리는 약 1,150km, 그리고 독일 북쪽 끝에서 남쪽 끝까지 거리는 약 1,200km다. 둘을 합하면 2,350km. 한라산에서 백두산까지 왕복하는 거리다. 나는 이 거리를 제대로 달려보고 싶었다. 프랑스 대회가 끝나고 일주일 뒤 독일 대회가 바로 이어지기에 시간상으로도 적절하다고 판단했다. 다음 해에는 독일 종단 대회가 열리지 않는다고 했다. 나는 한해에 두 개 종단 대회를 완주하는 성취감을 꼭 느끼고 싶었다.

한계에 도전하고 싶은 욕망은 42km를 달리는 마라톤에서 100km 이상을 달리는 울트라 마라톤으로 이어졌다. 더 멀리 달리고 싶은 도전 의식이 울트라 마라톤을 넘어 나라를 종단하고 대륙을 횡단하는 레이스까지 이어졌다. 많은 러너가 종단 또는 횡단 레이스를 꿈꾸지만 혼자서 하는 도전은 대부분 꿈에 머물고 만다. 따라서 러너에게 이런 대회는 놓치고 싶지 않은 좋은 기회다.

세계 여러 나라에서 이런 대회가 열린다. 하지만 정기적으로 1,000km 이상을 달리는 대회는 프랑스와 독일 대회가 대표적이다. 2001년부터 시작된 프랑스 대회는 가장 오래된 종단 레이스이다. 여러 선수가 경쟁하고, 여기에 전통까지 있으니 더 탐났다. 대회 기간 선수들은 대부분 마을 체육관에서 개인 침낭을 깔고 잔다. 가까운 호텔에서 머무를 수도 있지만 그건 본인이 선택할 문제이다. 나는 주최 측에서 주는 아침을 먹고 각 체크포인트에서 빵과 음료, 과일을 먹었다. 저녁은 홀숫날만 주최 측에서 제공한다. 짝숫날에는 스스로 해결해야 한다. 나는 라면과 햇반, 과자 등 일부 음식들을 한국에서 가지고 갔다. 파스와 몇 가지 구급약, 신발 5켤레도 준비했다. 도로 위를 달릴 땐 밑창이 닳아 500~700km마다 운동화를 갈아 신어야 한다.

1,000km 넘게 달리는 장거리 레이스에 참가하기 위해선 다른 어떤 울트라 마라톤 대회보다 더 많은 연습을 해야 한다. 일주일에 250km 이상, 한 달에 1,000km 정도 훈련해야 레이스를 진행할 수 있다. 그런데 문제가 생겼다. 대회에 나가기 전 너무 바빴다. 바쁘다는 핑계로 게으름까지 피웠다. 훈련량이 부족한 게 마음에 걸

종단 레이스는 울트라 마라톤 대회와 분위기가 좀 달랐다.
가족이 서포터로 나서는 게 인상적이었다. 남편이 달리면
아내와 아들, 딸이, 아내가 달리면 남편이 차를 타고 서포터를 해주었다.

렸다. 하지만 주사위는 던져졌다. 북서쪽 끝 호스코프Roscoff에서 남쪽 끝 그리쏭Gruissan까지, 영국 해협에서 지중해까지, 하루도 쉬지 않고 18일을 달려야 한다. 이제, 다른 방도가 없다.

봉주르, 프랑스

파리에서 고속열차 TGV를 타고 호스코프로 향했다. 호스코프는 프랑스 북서쪽에 있는 소읍 같은 항구 도시이다. 도시는 깨끗하고 정감이 간다. 집집이 예쁘게 꾸며 놓은 정원, 창틀에 매달려 있는 형형색색 꽃들. 프랑스의 작은 항구 도시는 정말 예뻤다.

오랜 비행시간에다 50kg이 넘는 짐을 이끌고 기차와 버스를 갈아타고 가느라, 뛰기도 전에 몸이 지쳤다. 도착 후 곧 날이 어두워졌다. 숙소에 짐을 풀자마자 바로 잠에 곯아떨어졌다. 다음날, 푹 자고 일어나 대회에 참가한 선수들을 만났다.

"이번이 두 번째 도전이야. 여기 다시 와있다는 게 기뻐."

"난 300km를 달려본 게 최고 기록이야. 그래서 많이 긴장돼."

"나는 이번이 처음이야. 긴장되고 설레. 멋진 도전이 될 거야"

모두 레이스에 대한 설렘과 긴장을 이야기하고 있었다. 이번 대회에는 세계 11개국 60여 명이 참가했다. 아시아에서 온 사람은 나 혼자였다. 대회 정식 명칭은 'Trans Gaule 1,150km'. 하루 평균 60km를 달려야 한다. 나도 설레고 긴장되기는 마찬가지다.

어제부터 내리던 비가 그쳤다. 구름 사이로 햇살이 따사롭게 비치고 있었다. 출발 장소는 바닷가 항구이다. 참가자 가족과 구경나온 마을 사람들도 항구는 아침부터 북적이고 있었다. 코스 브리핑과 기념촬영이 끝났다. 이제 곧 레이스가 시작된다. 프랑스 종단이라니. 가슴이 마구 뛰기 시작했다.

그들이 있어 외롭지 않았다

레이스에 참여하는 또 다른 매력은 사람을 만나는 것이다. 특히 마음이 맞는 사람을 만나면 완주하는 것 이상의 의미를 얻게 된다. 종단 레이스는 울트라 마라톤 대회와 분위기가 좀 달랐다. 가족이 서포터로 나서는 게 인상적이었다. 남편이 달리면 아내와 아들, 딸이, 아내가 달리면 남편이 차를 타고 서포터를 해주었다.

프랑스의 필립 가족은 이방인인 나에게 많은 도움과 친절을 베풀어주었다. 필립은 이번 대회가 세 번째다. 첫 대회에선 아깝게 완주에 실패했지만 지난 대회에서는 완주에 성공했다. 아내 캐서린과 딸 아위나는 대회 자원봉사자로 활동하면서 남편을 응원하고 있었다. 나는 필립과 페이스가 비슷해 같이 달리는 날이 많았다. 캐서린은 내 서포터 역할도 함께 해주었다.

이번 종단 레이스엔 체크포인트가 10~15km마다 있었다. 체크포인트에선 주최 측이 준비한 음식을 먹을 수 있다. 하지만 때론 체크포인트에 도착하기 전 배가 고프고, 갈증이 날 때도 있다. 고맙게도 캐서린은 필립뿐 아니라 나를 위해 중간중간 차를 세워 몸 상태를 체크하여 물이나 음식을 나누어 주곤 했다. 슈퍼에서 여유 있게 음식과 물을 사 와 나누어 주었고, 가끔 약이 필요할 땐 나를 위해 약국으로 달려갔다. 하루는 사례하고 싶어 딸 아위나에게 제주 감귤초콜릿을 줬다. 아위나가 몇 개 먹어 보고는 너무 맛있다며 내 볼에 뽀뽀까지 해주었다. 열한 살 꼬마지만 아위나는 영어도 잘했다. 나는 하루 레이스가 끝나면 가끔 캠프에서 아위나와 놀았다. 너무 귀여운 아위나 그리고 고마운 캐서린이 덕에 레이스를 편하게 펼칠 수 있었다.

Gaule
02

Hénaff

자원봉사자로 참여한 60세를 넘긴 부부 미셸과 마이클도 나에게 감동을 줬다. 체크포인트에서 제공하는 음식은 거의 같은 메뉴다. 빵, 과일, 비스킷, 햄, 음료. 맛있었지만 매일 같은 음식을 먹다 보니 점점 질리기 시작했다. 가지고 간 라면과 햇반은 며칠 만에 동이 났다. 나는 빵보다 밥, 라면, 김치찌개가 너무 먹고 싶었다.
"한국 사람은 빵 대신 밥을 먹어요. 하지만 여기서는 매일 빵만 먹고 있어요. 한국 음식이 너무 먹고 싶어요."
하루는 노부부에게 지나가는 말로 투정을 부렸다. 다음날 체크포인트에서 미셸과 마이클을 다시 만났다.
"안! 오늘은 기분이 어때?"
노부부가 부모 같은 온화한 표정으로 내 몸을 걱정해주었다.
"조금 피곤하긴 하지만 괜찮아요"
"안, 우리가 당신을 위해 특별한 음식을 준비했어요."
'특별 음식이라니? 도대체 어떤 음식이지? 혹시 오늘은 프랑스 전통 음식이라도 먹는 건가?' 그들이 말한 '특별한 음식'이 은근히 궁금했다. 미셸과 마이클이 차로 가더니 잠시 후 다시 내게로 왔다.
"안, 당신을 위해 준비했어요."
"오, 마이 갓! 세상에."
노부부는 쌀밥을 내밀었다. 분명 하얀 쌀밥이었다. 어제 내가 한 말을 듣고 마을 마트에서 쌀을 구해 밥을 지은 것이다. 윤기가 좔좔 흐르는 쌀밥은 아니었다. 거칠거칠한 안남미였다. 물론 한국 반찬도 없었다. 하지만 쌀밥이 너무 반갑고, 노부부의 정성이 고마워 눈물이 날 것 같았다. 미셸과 마이클은 다음 날도, 그 다음 날도 쌀밥을 해주었다. 이번에는 와인 한잔과 참치까지 준비해 주었다. 그동안 여러 대회에 참가했지만, 누구도 이렇게까지 나를 배려해준 적은 없었다. 그들은 매일 나를 감동시켰다.
독일 친구 안드레는 매일 맥주 두 병을 마셨다. 독일 사람 아니랄까 봐, 하루라도 맥주를 마시지 않으면 입에 가시가 돋을 것처럼 매일 맥주를 마셨다. 나는 안드레

덕에 맛있는 맥주를 공짜로 마셨다. 이들 말고도 나는 많은 친구를 얻었다. 캐서린 가족 못지않게 나를 서포트 해주었던 켈리 가족, 함께 달리며 친구가 되어 준 에릭, 지비, 테오, 미카엘, 그리고 체크포인트에서 언제나 반갑게 맞이해 주었던 자원봉사자들. 그들이 있어 나는 절대 외롭지 않았다. 나는 그들 덕에 달릴 수 있었다.

꿈을 꾸는 것 같았다

프랑스 종단 코스는 대부분 시골 마을을 달린다. 코스 설계가 정말 마음에 들었다. 프랑스 시골 풍경은 정말 아름다웠다. 포도원, 옥수수밭, 고흐의 그림에서 뛰쳐나온 듯한 누런 밀밭과 해바라기밭, 목장 지대와 부드럽게 곡선의 물결이 이어지는 평원. 시골길이라 자동차는 많지 않았다. 갓길이 있고, 때로는 자전거 도로가 있어 달리기에 불편하지 않았다. 여름이 물러나고 있었지만 그래도 날은 더웠다. 더위를 피해 동트기 전 일어나 길을 재촉했다. 일출을 맞으며 남쪽으로 달렸다. 태양은 어느새 머리 위에서 화살 같은 직사광선을 내리꽂았다. 싱그럽고 평화로운 시골 풍경을 보며 더위를 달래고 기분을 환기했다. 몸은 갈수록 지쳐갔지만 이국적인 시골 풍경과 따뜻한 사람들에게 큰 위로를 받았다. 나는 벅찬 행복감을 느꼈다. 종단 마라톤은 며칠이면 끝나는 레이스와 달랐다. 몸이 아파도 매일 레이스를 이어가야 하기에 치료받는 게 쉽지 않다. 아파도, 다쳐도, 힘들어도 계속 달려야 한다. 일주일이 지나자 환자들이 나타나기 시작했다. 1, 2위로 달리던 선수가 금메달이 있는 것도 아닌데 지나치게 순위를 경쟁하다 둘 다 발목을 다쳤다. 그들은 더 뛰지 못하고 며칠 후 집으로 돌아갔다. 나의 목표는 순위가 아니었다. 나의 목표는 완주다. 끝까지 달려 한없이 푸른 지중해에 발을 담그는 것이다.

1위부터 꼴찌까지 아프지 않은 사람은 없다. 지금부터는 자신과 싸워야 한다. 더위, 지루함, 통증, 지침, 자꾸 나약해지는 정신력……. 안팎이 적이다. 300km, 400km, 500km, 600km. 어느새 프랑스 땅 절반을 달렸다. 문제는 지금부터다. 중남부 지

방으로 내려갈수록 산악 지형이 많다. 오르막이 그만큼 많다는 뜻이다. 아니나 다를까. 반갑지 않은 손님은 늘 결정적일 때 찾아온다. 후반부로 접어들자마자 무릎 통증이 찾아왔다. 통증이 사라지기는커녕 점점 더 심해진다. '딱 하루만 쉴 수 있다면!' 마음이야 굴뚝 같지만 포기하지 않는 한 방법이 없다. 참고 달려야 한다. '결승선에 도착하면 곧장 지중해로 뛰어들 거야.' '시원한 맥주도 한잔 들이켜야지.' '종일 아무것도 하지 말아야지.' '죽은 듯이 잠을 잘 거야.' 완주 후의 소박한 버킷리스트를 떠올리며 통증을 견뎠다. 아픈 무릎을 부여잡고 1,000km를 달렸다. 사람들은 이토록 먼 길을 왜 달리는 걸까? 무엇을 찾기 위해, 무엇을 얻기 위해 달리는 걸까?

이제 프랑스 종단의 끝이 보인다. 대회 18일째, 오늘이 마지막이다. 72km만 달리면 결승선이다. 지난 17일 동안 그렇게 상상하던 지중해다. 마지막 날이라 그럴까? 사람들 표정이 밝다. 얼굴에 웃음이 가득하다. 새벽 5시, 하늘엔 아직 별이 반짝이고 있었다. 오늘은 레이스 하면서 정이 든 친구들과 함께 달리기로 했다.

어쩐 일이지? 30km 이후 체크포인트엔 사람이 없었다. 스태프도, 자원봉사자도, 응원 나온 가족도 없었다. 물과 콜라만 덩그러니 우리를 기다리고 있었다. 처음엔 힘이 빠졌지만 이내 그 이유를 알아차렸다. 미리 결승선에 가 있는 듯했다. 생각이 여기에 미치자 갑자기 힘이 났다. 그들이, 나를 기다리고 있다. 이제 얼마 남지 않았다. 힘들 때마다 선수들이 함께 달리며 응원해줬다. 스태프와 자원봉사자와 프랑스 선수 가족들이 늘 도와주고 배려해주었다. 그들이 있어 고마웠다.

바람이 분다. 바다 냄새가 다가온다. 갈매기 소리가 달려든다. 가슴이 뛰기 시작했다. 이윽고, 바다가 보였다. 선수들이 손을 맞잡았다. 순위 경쟁은 이미 의미가 없었다. 우리는 모두 친구였고, 동지였고, 가족이었다. 가슴이 벅찼다. 우리는 다 같이 손을 잡고 그리쏭 해수욕장의 결승선을 통과했다. 그리고는 곧장 바닷속으로 뛰어들었다. 지중해에 누워 눈부시게 파란 하늘을 한참 바라보았다. 마치 내가 구름 위에 떠 있는 것처럼 느껴졌다. 너무 행복했다. 꿈을 꾸는 것 같았다.

GRUISSAN
Circulades, 1000 Ans d'Histoire

La Transe Gaule
MANCHE • MÉDITERRANÉE
JDC 제주국제자유도시개발센터
JEJU DEVELOPMENT CENTER

미쳐야 미친다!

독일 종단 레이스 1,200km

RUN THROUGH GERMANY

"너 미쳤니?" 일주일 전에 프랑스 종단 레이스를 마치고 왔다는 말에 독일 대회에 참가한 선수들이 이렇게 말했다. 프랑스 대회에서 다친 무릎이 견디어 줄까? 사실 나도 걱정이 됐다. 부실한 무릎이 나를 불안하게 했다.

당신 미쳤어요?

프랑스 종단 대회를 마치고 바로 독일로 향했다. 발걸음이 무거웠다. 일주일 동안 몸이 얼마나 회복될까? 다친 무릎은 얼마나 좋아질까? 머릿속은 무릎에 대한 걱정으로 가득했다. 기차는 프랑스와 독일의 멋진 풍경을 보여주었으나 눈길이 가지 않았다. 수영과 얼음찜질. 내가 할 수 있는 일은 이것밖에 없었다. 매일 수영장을 다니고 아침저녁으로 얼음찜질을 했다. 무릎은 예상했던 것보다 더 안 좋았다. 며칠이 지나도 차도가 보이지 않았다. '대회에 나갈 수 있을까?' 날짜가 다가올수록 걱정과 초조함이 더해갔다. 약 몇 알 얻는 것 외에 특별한 방법이 없다는 걸 알면서도 병원으로 향했다. 지푸라기라도 잡고 싶은 심정이었다.

"어디가 아파서 오셨나요?"

"무릎이 아파요."

"어떻게 다치셨나요?"

"18일 동안 1,200km를 달렸어요."

"뭐라고요?"

"……."

"MRI를 찍어야 정확한 상황을 알 수 있을 것 같군요."

"전 보험에 가입되어 있지 않습니다. 그냥 약을 주세요."

의사는 진통제와 파스 등 몇 가지 리스트를 작성했다. 그리고는 한마디 덧붙였다.

"당신에겐 지금 휴식이 필요합니다. 더는 달려서는 안 된다고요."

"난 다시 1,200km를 달려야 합니다."

"당신 미쳤어요?"

베를린에서 기차를 타고 대회 미팅 장소인 로히트엄Leuchtturm으로 갔다. 대회에 참가할 때는 새로운 도전에 대한 기대와 설렘으로 늘 즐거웠지만, 이번엔 마음이 정말 무거웠다. 레이스에 대한 두려움이 가득했다. 일주일은 너무 짧았다. 나에게

> 이번 레이스는 독일 북동쪽 끝 카프 아르코나에서 남서쪽 끝 뢰라히까지
> 대각선으로 17일 동안 달린다. 하루 평균 70km를 달려야 한다.
> 나는 간절히 바랐다. '무릎이 더 아프지 않기를.'

는 조금 더 긴 휴식과 치료가 필요했다.

무릎에 붕대를 감고 나타난 나에게 대회 참가자들이 인사를 건넸다. 내 미소는 정말 '웃는 게 웃는 게' 아니었다. "너 미쳤니?" 프랑스 종단 레이스를 하면서 일주일 후 독일 종단 대회에 참가한다고 하자, 사람들의 반응은 똑같았다. 네 몸을 위해서도 그냥 포기하는 게 좋을 거라고, 진정으로 내 몸을 걱정하며 말했다. "너 정말 미쳤다!" 독일 대회에 참가한 선수들에게 일주일 전에 프랑스 종단 레이스를 마치고 왔다고 했을 때 그들이 한결같이 한 말이었다. '너는 이 대회를 완주할 수 없어.' 나는 그들의 말을 이렇게 해석했다. 그것은 사실이었다. 나도 자신이 없었다. 두 대회를 위한 준비를 충분히 하지 못했다. 게다가 프랑스 대회에서 무릎을 다쳤다. 내가 달릴 수 있을까? 얼마나 견딜 수 있을까? 부실한 내 무릎이 나를 불안하게 만들었다.

꼴찌에게 갈채를

이번 레이스는 독일 북동쪽 끝 카프 아르코나Kap Arkona에서 남서쪽 끝 뢰라히Lörrach까지 대각선으로 17일 동안 달린다. 하루 평균 70km를 달려야 한다. 85~93km를 달리는 롱데이 코스와 독일 남쪽 알프스 산악지대를 지나는 코스가 포함되어 있어서 매우 힘든 대회이다. 이른 아침 동이 트기 전 버스를 타고 출발 장소인 카프 아르코나로 향했다. 내 몸 상태와 달리 발트해엔 햇살이 눈부시게 비치고 있었다. 모두 설렘과 도전에 대한 기대로 가득 차 웃고 있었지만, 나는 여전히 웃을 수 없었다.

프랑스 대회가 끝난 후 무릎이 더 나빠질까 두려워 달리기 연습을 하지 못했다. 나는 간절히 바랐다. '무릎이 더 아프지 않기를.'
66km. 첫날 코스는 짧지도 길지도 않은 거리였다. 첫날만 잘 마치면 완주할 수 있을 거라고, 나 자신을 토닥였다. 출발 신호가 나자 모두 빠르게 치고 나갔다. 난 맨 뒤에서 뒤처지지 않을 정도의 거리를 유지하며 나 자신과 사투를 시작했다. 독일 북쪽 바닷가를 지나고 시골 마을을 지나고 고속도로를 따라 달리고 또 달렸다. 8시간을 달려 결승선을 통과했다. 50km를 넘기면서 무릎이 조금 아팠지만 걱정했던 것보다 괜찮았다. 꼴찌였지만 달릴 수 있기에 행복했다. 길 위에 있는 것만으로도, 걷고 달릴 수 있다는 것만으로도 난 너무 행복했다.
"무릎은 괜찮아? 오늘 레이스 잘 해냈어. 축하해!"
꼴찌에게 동료들의 박수가 이어졌다.

오직 나 자신과 싸울 뿐이다

독일의 가을 날씨는 흐렸다. 비가 내리는 날도 많았다. 오늘은 종일 비를 맞으며 83km를 달렸다. 길게 뻗은 도로 갓길을 따라 종일 비를 맞으며 달렸다. 추운 거야 그런대로 견딜만했다. 문제는 젖은 옷과 신발이었다. 젖은 옷을 입고 달리다 보니 몸에 쓸리는 곳이 많았다. 젖은 신발이 발걸음을 더욱 무겁게 했다. 날씨는 기분마저 우울하게 했다. 나는 주문을 걸었다. '그래도 달리자. 지금, 이 순간을 즐기자!'
늦은 오후, 레이스가 끝날 무렵 비가 그쳤다. 하늘에는 거짓말처럼 쌍무지개가 떴다. 저 무지개가 나에게 희망의 메시지이길 빌었다.
86km, 93km, 83km. 경기를 치를수록 몸이 좋아지기 시작했다. 매일 부상자가 늘어났다. 하루에 1, 2명씩 탈락자가 나왔다. 쉬는 날은 없었다. 아프거나 부상이 나면 달리면서 치료해야 한다. 횡단, 또는 종단 레이스는 사막 마라톤과 다르다. 순위 경쟁이 아니라 오직 자신과의 싸움이다.

주말에는 독일에 사는 여동생이 찾아왔다. 레이스를 하는 동안 서포터가 있다는 건 큰 힘이 된다. 이런 까닭에 가족과 함께 오는 참가자가 많다. 선수가 달리는 동안 서포터는 차를 타고 이동하면서 격려도 해주고 음료와 음식도 챙겨준다. 다치거나 아팠을 때 무엇보다 서포터의 도움이 절실하다. 조금이라도 같이 달리면 이 또한, 다시 힘을 내게 해준다.

"오빠, 여기는 환자밖에 없어. 다 환자야. 여기 있으면 나도 아플 것 같아."

"……."

동생이 큰 힘이 됐지만 '자신도 아플 것 같다'는 말에 미안한 마음도 컸다. 시간이 지날수록 참가자들 모두 환자가 된다. 그래도 그들은 달린다. 나도 달린다.

난 무엇을 위해 달리고 있을까?

레이스를 하는 동안 프랑스 종단 대회에서 함께 했던 친구들에게 많은 격려 메일을 받았다. 그들은 인터넷으로 내가 달리는 걸 매일 체크하고 있었다. 울트라 마라톤에서 맺은 인연은 정말 소중하다. 그들은 나의 소중한 마음의 자산이다. 친구의 이메일을 보고 나서야 프랑스와 독일 종단 레이스를 같은 해에 완주하는 건 내가 처음이라는 걸 알게 됐다.

대회 11일째. 하루하루가 어떻게 지나는지 모를 정도로 빨리 지나가고 있었다. 오늘은 이번 대회에서 가장 힘든 코스를 달려야 한다. 거리는 89km이고, 큰 언덕과 산을 오르는 코스가 여러 곳이었다. 모두에게 너무 고통스러운 날이었다. 오늘따라 바람이 많이 불었다. 맞바람이 전진을 어렵게 했다. 오르막 내리막이 많아 무리했는지 무릎이 다시 아프기 시작했다. 저녁노을이 질 무렵 결승선에 도착했다.

"안, 대단해!" "너는 해냈어!" 걱정스러운 눈빛으로 보던 사람들이 '너는 할 수 있다'라며 격려의 응원을 보내주기 시작했다. 오늘은 세 명이 레이스를 포기했다. 참가자 34명 중 이제 16명이 남았다. 떠난 사람에게도, 남은 사람에게도 종단 레이스

SCHNEIDER
TRONIK-SERVICE
Saeco
Eistee

가 특별한 기억, 아름다운 추억으로 남기를 노을을 보며 기원했다.
이제 나도 많이 지쳤다. 그만 쉬고 싶었다. 영화 <포레스트 검프>의 주인공처럼 "이제 지쳤어요. 그만 달리고 집으로 돌아가야겠어요."라고 말하고 싶었다. 그렇게 쉬면서 나에게 질문을 던지고 싶었다. 나의 달리기에 대해, 나의 인생에 대해. 나는 무엇을 위해 달리고 있는 걸까? 나는 어디로 달려가고 있는 걸까?
이제 5일 후면 레이스가 모두 끝난다. 달린 거리보다 앞으로 달릴 거리가 훨씬 짧다. 후반으로 가면서 참가자들 모두 웃음과 여유를 되찾아 가고 있었다. 오랜만에 중국 레스토랑에서 저녁 식사를 했다. 매일 빵과 음료로 배를 채우다 쌀밥을 먹으니 힘이 절로 났다. 한국을 떠나온 지도 한 달 보름이 지났다.
"여러분! 우리의 마지막을 위하여!"
대회 책임자인 독일의 인고가 모두에게 건배를 제안했다. 맥주 한잔이 간절했다. 무릎이 악화할까 싶어 '환타'로 대신했다. 하지만 마음으론 이미 축배를 들고 있었다.
"안! 이제 5일밖에 안 남았어."
독일 대회 내내 '짝꿍'이었던 루디거가 말했다.
"그래, 이제 우리 조금만 참으면 돼."
"건배!"
"루디거, 어떻게 종단 레이스에 참가했어?"
조금 전 내게 했던 질문을 루디거에게 던졌다.
"울트라 러닝은 매우 어려워. 하지만 매우 특별한 경험이지. 그 특별한 경험을 하고 싶었어."
"레이스가 힘들 때는 어떻게 해?"
"하루는 정말 피곤하고 힘들었어. 그래서 아주 천천히 레이스를 즐기며 달렸지. 그 후 내 몸은 다시 괜찮아졌어. 달리기는 재미있어. 힘들다고 생각하지 마! 달리는 그 순간을 즐겨야 해!"

이제 나도 많이 지쳤다. 그만 쉬고 싶었다. 영화 <포레스트 검프>의 주인공처럼 "이제 지쳤어요. 그만 달리고 집으로 돌아가야겠어요."라고 말하고 싶었다.

"가족의 반응은 어때?"

"아내와 열다섯 살 된 딸과 함께 살고 있어. 그들은 여기 올 수 없었지만, 대회 기간 내내 나에게 격려의 이메일을 보내줬어. 가족은 나의 새로운 도전에 기뻐하고 힘을 줘. 나는 가족을 많이 사랑해."

독일 친구 루디거는 토목 기사이다. 종단 레이스를 하는 내내 이방인인 나에게 큰 관심을 보내준 고마운 친구이다. '몸은 괜찮아?', '무릎은 어때?' 매일 오랜 친구처럼 옆에서 나를 걱정해주었다. 그의 달리기 경력은 30년이다. 이 대회를 위해 한 달 동안 1,000km 이상 훈련을 했다. 아마도 그의 머릿속엔 이미 새로운 대회를 준비하고 있을 것이다.

"루디거! 레이스를 하는 동안 네가 베풀어준 친절과 배려를 잊을 수 없어. 너에게 다시 한번 건배를 청하고 싶어. 너의 달리기와 가족을 위해 건배!"

난 미친 게 틀림없다

어느새 레이스는 1,000km를 넘어 종반으로 치닫고 있었다. 독일 남부지방은 알프스산맥의 줄기라 산을 오르내리는 코스가 많았다. 오르락내리락, 종일 산을 달리느라 무척 힘들었지만 나는 오히려 도로보다 이런 트레일 코스가 더 좋았다. 아스팔트 도로는 발과 무릎에 충격이 많이 주고, 거기에 지루하기까지 하다. 시멘트나 아스팔트가 아니라 흙과 돌, 풀, 낙엽을 밟을 수 있다는 게 얼마나 행복한 일인가? 달리기는 '인생의 길'과 하나도 다르지 않다. 프랑스와 독일을 달리는 동안 인생이 그렇듯 수많은 길을 지나왔다. 자동차가 달리는 고속도로 갓길을 달렸고, 한적한

www.deutschlandlauf.com
DAY 17 OF 17
Jeju
22

시골 마을도 지났다. 자전거길, 기차가 다니는 길, 옥수수밭과 포도밭 사이로 난 작은 길도 거쳐왔고, 유채꽃이 활짝 핀 아름다운 길도 달렸다. 또 포장되지 않은 트레일 코스를 따라 산을 오르기도 했다. 갈림길에선 늘 선택해야 했고, 잘못된 선택으로 길을 잃고 헤매기도 했다. 걷고 달리고 서고 쉬고. 모든 게 길 위에서 시작되고 길 위에서 끝났다.

마지막 체크포인트를 지났다. 2,345km. 이제 몇 분 후면 한 달 넘게 달린 나의 도전이 끝난다. 내 몸은 더 가벼워졌고 발놀림은 더욱 빨라졌다. 지난 한 달이 영화 필름처럼 지나간다. 뜨거운 태양, 소나기와 안개비, 내 마음을 위로해준 무지개, 물결치는 포도원과 옥수수밭, 고요한 침묵을 깨는 발걸음 소리, 햇빛이 비치는 날 나와 함께 했던 내 그림자, 내 마음까지 붉게 물들이던 저녁노을, 어둠 속을 달리던 순간의 짜릿함, 새벽 별을 바라보며 달리던 동트기 전의 공기, 나를 괴롭히던 모기떼와 하루살이, 목마르고 배고팠던 순간, 슬픔과 외로움의 기억, 고통과 걱정의 순간, 나를 배려해주고 응원해준 사람들의 따뜻한 미소……. 달리면서 만난 모든 자연과 순간순간 느낀 감정들, 그리고 다정다감한 프랑스와 독일 사람들! 이 모든 게 나의 나침반이었다. 내가 달릴 수 있게 해준 가장 뜨거운 응원이었다.

끝이 보인다. 저 결승선을 통과하면 35일 동안의 달리기가 끝난다. 가슴이 벅차다. 가슴 저 밑바닥에서 울컥, 감정 덩어리가 올라온다.

다음엔 어디를 달릴까? 아시아를 달릴까? 아니면 다시 아프리카? 이번에는 횡단 레이스를 해볼까? 결승선을 통과한 뒤 머릿속에 가장 먼저 떠오른 건 오직 하나, 다음에 달릴 행선지였다. 난 정말 미친 게 틀림없다.

제주 트레일 러닝을 꿈꾸다

'달리기 축제'를 만들자

JEJU TRAIL RUNNING

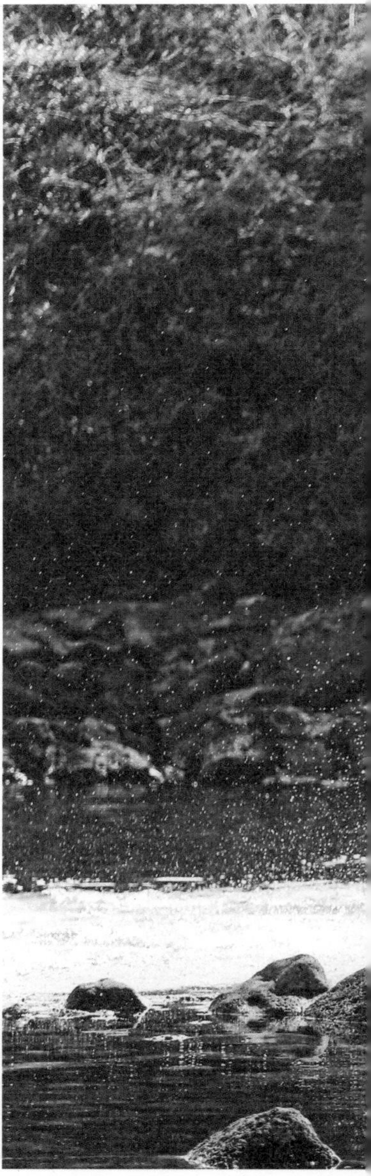

새로운 꿈을 만들기로 했다. 지금까지 내가 세계의 울트라 트레일 러닝 대회를 찾아다녔다면, 이번에는 세계의 러너들이 내 고향 제주도로 찾아오게 만들자. 걷고 달리지 않으면 느낄 수 없는, 내 고향 제주만의 독특한 매력을 전 세계 친구들과 공유하고 싶었다.

©제주도청

9012
9011

더는 예전처럼 달릴 수 없다

프랑스와 독일 종단 이후 다리에 문제가 생겼다. 완주는 해냈지만 다칠 이유는 많았다. 무엇보다 충분히 준비하지 못했다. 완주해야 한다는 '욕심'도 한몫했다. 그리고 장거리 종단 레이스에 대한 경험이 부족했다. 나는 한동안 달리기를 하지 못했다. 그 다음 해에 하려고 꿈을 꾸듯 준비하던 미국 횡단도 결국 포기했다. 미국 횡단은 영화 <포레스트 검프>를 보며 상상했던 오랜 꿈이었다. 하지만 나의 달리기는 거기서 멈추어야 했다. 1년, 2년이 지나고 쉬는 기간이 계속 길어졌다. 달릴 수 없다는 이유 하나만으로도 마음의 상처는 자꾸 커졌다. 어떠한 것도 마음의 위로가 되지는 않았다. 슬픔도 더 깊어갔다. 나는 매일 생각했다. 이제 다시는 예전처럼 달릴 수 없는 걸까? 달릴 수 없다는 좌절감과 미래에 대한 불안. 새벽이 오도록 잠을 자지 못했다. 긴 불면의 밤을 보냈다.

되돌아보면 나는 현실보다 꿈과 이상만 바라보며 철들지 않은 아이처럼 달려왔다. 달리기를 장시간 멈춘 건 슬펐지만 그 덕에 나를 깊이 돌아볼 수 있었다. 한편으론 슬프고, 다른 한편으론 새로운 꿈을 설계하는 보배 같은 시간이었다. 사실 이제 나는 달리기 인생 전반전을 끝냈을 뿐이다. 게다가 결과도 상상 이상으로 좋았다. 고비사막 마라톤 우승, 한국인 최초 울트라 트레일 러닝 그랜드슬램 달성, 북극점 마라톤 우승……. 아시아, 아프리카, 유럽, 오세아니아, 남아메리카, 남극, 북극점. 나는 지구 한 바퀴를 다 돌았다. 나는 충분히 달렸다. 그리고 행복했다.

제주도에 트레일 러닝대회를 만들자

더는 슬퍼하지 않기로 했다. 그즈음 나는 초콜릿 상자 속에 들어 있는 많은 초콜릿 중 또 다른 초콜릿을 꺼내야 할 때임을 깨달았다. 나는 새로운 꿈을 만들기로 했다. 예전처럼 달릴 수 없다면 '달리기 축제'를 만들자. 그동안 내가 세계의 달리기 대회를 찾아다녔다면, 이번에는 세계의 러너들이 내 고향 제주도를 찾아오게 만들

나는 10,000km가 넘는 거리를 달려왔다. 또 대회에 참가하면서
많은 친구를 얻었다. 유명 선수들, 레이스 디렉터, 스태프, 자원봉사자…….
나는 이 소중한 경험과 자산을 트레일 러닝대회 만들기에 모두 쏟아붓기로 했다.

자. 지금까지 나의 무대는 나라 밖이었다. 달리기 인생 후반전의 무대를 나는 고향에 만들고 싶었다. 나는 다시 새로운 꿈을 향해 달려갈 것이고, 내 고향 제주도에서 새로운 나를 만날 것이다.

나는 10,000km가 넘는 거리를 달려왔다. 또 대회에 참가하면서 많은 친구를 얻었다. 유명 선수들, 레이스 디렉터, 스태프, 자원봉사자……. 나는 이 소중한 경험과 자산을 트레일 러닝대회 만들기에 모두 쏟아붓기로 했다.

메리라는 30대 중반의 젊은 미국인이 특히 많은 영감을 주었다. 그녀는 모로코 사하라사막 마라톤을 경험한 후 잘 다니던 회사를 그만두고 레이싱 더 플래닛Racing the Planet이라는 회사를 설립했다. 그리고 고비사막 마라톤 대회를 론칭했다. 시작은 미미했다. 제1회 고비사막 마라톤 대회는 겨우 50여 명이 참가한 작은 행사였다. 그녀는 여기에서 멈추지 않았다. 이집트 사하라사막 마라톤 대회, 칠레 아타카마사막 마라톤 대회도 만들었다. 다시 '마지막 사막'이라 불리는 남극 마라톤 대회도 개최해 '사막 마라톤 그랜드슬램'이라는 타이틀을 만들어냈다. 그녀가 만든 모든 대회는 세계에서 많은 사람이 참여하는 최고 울트라 트레일 러닝 대회가 되었다. 그녀는 하나의 꿈을 이룬 후 다시 새로운 꿈을 만들었고, 또 다시 새로운 꿈을 만들었다. 그녀는 지금도 앞으로 나아가고 있다.

그녀 말고도 영감을 준 사람은 많다. 아일랜드의 리처드 도노반은 남극과 북극점 마라톤에 도전한 후 울트라 트레일 러닝 대회를 운영하고 있다. 70세가 넘은 독일의 인고 할아버지는 60세가 넘은 나이에 혼자 유럽대륙을 횡단한 후 유럽 횡단 레

이스를 만들었다. 알프스 종단 레이스의 창시자 우타는 열 살 아이의 엄마이다. 남아프리카공화국 칼라하리사막 레이스의 디렉터 나디아는 이탈리아의 50대 중년 여성이다. 이외에도 정글, 히말라야, 아프리카에서 미지의 세계에 도전하며 새로운 달리기 축제를 만들어 가는 사람들을 만났다. 그들은 나에게 새로운 희망과 동기를 주었다.

우리나라 트레일러닝은 막 꽃이 피기 시작했다. 많은 로드 러너가 트레일 러닝의 매력에 빠지고 있다. 스테이지 레이스 대회를 개최하여 제주도를 대한민국 트레일 러닝의 성지로 만들고 싶었다. 스테이지 레이스는 매일 다른 지형을 달리는 경기이다. 선수들이 텐트 또는 마을 체육관에서 휴식을 취하고 잠을 자며 며칠 동안 경기를 이어간다. 하루에 비교적 짧은 30~40km를 달리기 때문에 논스톱 울트라 레이스보다 체력적인 부담이 적다. 선수들은 비록 처음 만나지만 같이 먹고, 같이 자고, 함께 달리며 친구가 된다. 같은 목표를 향한 연대 의식도 강하다. 언어, 문화, 달리기 실력도 다르지만, 1등부터 꼴찌까지 우정을 만들어 가는 모습은 그 자체로 감동적이다. 논스톱 레이스에서 느낄 수 없는 특별한 경험을 참가자들 스스로 만들어 간다.

세계의 러너들이여, 제주도로 오라!

제주는 화산이 만든 섬이다. 세계자연유산, 세계생물권 보전구역, 세계지질공원. 제주도는 세계에서도 드물게 세계유산 트리플 크라운을 달성했다. 세계 어느 지역과 비교해도 손색이 없는 자연환경을 품고 있다. 세계의 이름난 울트라마라톤 대회는 각각 특별한 매력을 갖고 있다. 사막 마라톤은 사막이라는 특수한 매력, 알프스와 히말라야 레이스는 높은 산이 매력이다. 제주도 또한 어느 지역과 비교할 수 없는 특별하고 차별적인 아름다움이 넘치는 곳이다. 화산이 만든 한라산과 오름은 트레일 러닝대회를 치르기에 손색이 없는 지형 조건이다. 한라산엔 산정 호수

©제주도청

©제주도청

JEJU TRAIL
제주국제트레일러닝대회
THE NORTH FACE
Jeju
제주대학교

8507

백록담이 있고, 정상에 분화구를 안고 있는 오름은 더없이 이국적이다. 가을이 되면 오름과 들녘이 억새로 물든다. 파란 하늘 밑에서 풀을 뜯고 있는 조랑말의 여유로움은 얼마나 평화로운가. 수채화 물감을 풀어놓은 듯 아름다운 에메랄드빛 바다는 또 어떤가.

낮에는 이국적인 자연을 달리며 도전과 열정을 맘껏 펼치고, 밤에는 모닥불을 피워놓고 도란도란 이야기꽃을 피우며 특별한 러닝 스토리를 만들 수 있는 곳. 내가 태어나고 자란, 나의 첫 달리기의 무대였던 제주도를 세상 사람들에게 맘껏 보여주고 싶다. 한라산, 오름, 돌담, 삼나무 숲길, 하늘빛 바다를 낀 해안, 화산의 기억이 깃든 용암, 제주의 허파 곶자왈……. 세계의 러너들이 걷고 달리고 오르내리며 유네스코 3대 세계유산을 온몸으로 체험하는 특별한 트레일 러닝 대회를 만들고 싶다. 걷고 달리지 않으면 느낄 수 없는, 내 고향 제주만의 독특한 매력을 전 세계 친구들과 공유하고 싶다.

먼 훗날 세계의 친구들이 '내가 그 섬에 있었고, 내가 그 섬을 달렸기에 행복했다.'라고 말할 수 있는 트레일 러닝대회. 상상만 해도 가슴이 뛴다. 달리기 인생 후반전의 무대는 멀리 있지 않았다. 새로운 꿈의 무대가 아주 가까이 있음을, 그곳이 나의 고향 제주도임을, 지구를 한 바퀴 달리고 난 뒤에야 나는 비로소 알게 되었다.

다시,
사하라사막으로!

모로코 사하라사막 마라톤 250km

MDS

레이스가 펼쳐진 일주일 동안, 나 자신과 많은 대화를 나눴다. 무릎을 다친 지 4년 만에, 나는 다시 달릴 수 있다는 희망을 찾았다. 내 안의 '꿈과 열정'도 다시 만났다. 다시 달릴 수 있으므로, 그것으로 충분했다.

내가 다시 달릴 수 있을까?

3년을 훌쩍 넘긴 긴 이별이었다. 프랑스와 독일 종단 도중 무릎을 다쳐 4년 가까이 제대로 달리지 못했다. 아주 긴 휴식이었다. 하지만 의미도 있었다. 그 사이 제주국제트레일 러닝대회Jeju Trail를 론칭했다. 경기는 5km 오름 트레킹, 10km·36km 트레일 러닝, 100km 스테이지 레이스로 진행된다. 특히 100km 대회는 국내 최초 스테이지 레이스이다. 3일 동안 달리며 한라산, 오름, 바다 등 제주의 자연을 모두 경험할 수 있도록 코스를 설계했다. 이제는 매년 20여 개 나라에서 1,500여 명이 참가하는 대회로 성장했다.

달릴 수 없어 달리기 축제를 만들었으나 그래도 마음 한구석은 허전했다. 나는 그동안 상상하고 꿈꿔왔던 세계 곳곳을 달렸다. 달리기는 내 삶의 터닝포인트였다. 새로운 세상을 보여주었고, 도전의 소중함과 완주의 기쁨을 경험하게 해주었다. 달리는 것만으로도 내 생에 가장 행복한 순간이었다. '행복한 순간'을 다시 경험하고 싶었다. 마음속으로 '다시 달려야 한다'라고 다짐했다. 시간이 흐르면서 다행스럽게도 무릎이 조금씩 나아졌다. 예전 같진 않았지만, 천천히라도 달릴 수 있을 것 같았다. 달린다면 그곳은 '사막'이어야 했다. 그곳은 내가 처음 사막 마라톤에 도전했던 곳이고, 첫 완주기록을 낸 곳이었다. 사막은 나에게 고향 같고 여인 같았다. 사막은 설렘이었고 내 삶의 '오아시스' 같은 존재였다.

참으로 오래간만에 사하라사막을 다시 찾았다. 같은 사하라이지만 장소는 달랐다. 예전에 달린 곳은 이집트의 사하라였고, 이번엔 달릴 곳은 아프리카 북서부 모로코의 사하라이다. 대회 공식 이름은 모로코 사하라사막 마라톤MDS-Marathon Des Sables이다. 세계의 사막 마라톤 중에서 가장 유명하고 가장 오래된 대회이다. 올해는 45개국에서 1,000명이 넘는 선수가 참여했다.

대회 주최 측에서 제공해준 전세기를 타고 프랑스 파리에서 모로코로 향했다. 공항에 도착하자마자 버스를 타고 사막으로 갔다. 해가 지고 어둠이 다가올 때쯤 대회 장소에 도착했다. 날이 어두워서 그런가? 사막 날씨는 무덥기보다 오히려 서늘했다. 주최 측에서 준비한 음식으로 저녁을 맛있게 먹었다. 텐트에 침낭을 깔고 눕자 사하라의 추억이 엊그제 일처럼 생생하게 떠오른다. 쉬이 잠을 잘 수 없을 거 같다. 조용히 일어나 텐트 밖으로 나왔다. 어둡고 고요하다. 밤하늘의 별들도 소리 없이 밝게 빛나고 있다.

날이 밝았다. 오늘은 배낭과 메디컬 검사가 있는 날이다. 모든 사막 마라톤 대회에서는 의무적으로 참가자들의 배낭을 검사한다. 배낭에는 일주일 동안 먹을 음식과 장비를 넣어야 한다. 하루 2,000kcal의 열량을 낼 수 있는 음식이 있는지, 침낭과 옷가지는 준비했는지, 나침반과 그 외 필수 장비는 잘 챙겼는지 꼼꼼하게 검사한다. 주최 측에서 규정한 배낭의 무게는 최소 6.5kg에서 최대 15kg이다. 이 규정에 맞춰 배낭에 음식과 모든 장비를 넣어야 한다. 나의 배낭의 무게는 8.5kg였다. 여기에다 달리는 내내 들고 다닐 물과 카메라까지 포함하면 10kg은 쉽게 넘을 것 같다. 필사적으로 줄였는데도 이 정도이다. 이제, 저 짐을 메고 일주일 동안 달려야 한다. 메디컬 검사도 배낭 검사 못지않게 꼼꼼하다. 섭씨 40~50도가 넘는 극한 환경에서 달릴 수 있는지 몸 상태를 체크하는 것이다. 나는 미리 준비한 메디컬 서류를 제출했다. 일종의 건강진단검사 서류이다. 오랜만에 출전하는 경기라 메디컬 주의사항도 빠짐없이 챙겨 들었다. 장비 검사와 메디컬 검사는 아침 일찍부터 오후 늦게까지 이어졌다. 어느새 저녁노을이 하늘을 붉게 물들이기 시작했다. 석양을 바라보며 다치지 않고 무사히 완주할 수 있기를 기원했다. 다시 뛸 수 있다는 설렘과 오랜만에 참가한 데서 오는 긴장감을 동시에 느끼는 사이 사막에서의 하루가 또 지나갔다.

천 명이 불러주는 생일 축하 노래

밝게 비치던 별들이 희미해지더니 이윽고 붉은 태양이 떠오르기 시작했다. 오늘은 34km를 달린다. 비교적 짧은 거리다. 하지만 첫날엔 배낭이 가장 무겁다. 참가자 대부분이 10kg이 넘는 배낭과 각 체크포인트에서 공급해주는 물 1.5L를 메고 달려야 한다. 게다가 낯선 사막 환경에 적응하기 전이라 어쩌면 가장 힘든 날이 될지도 모른다.

아침부터 헬리콥터 두 대가 요란한 소리를 내며 하늘 위를 날아다닌다. 대회 기간 내내 선수들을 따라다니며 사진과 영상 촬영을 하고 비상시환자가 생겼을 때, 선수가 길을 잃었을 때 등 참가자들의 안전을 체크하기도 한다. 이 대회는 프랑스의 페트릭 바우어Patrick Bauer가 기획했다. 그는 이름난 레이스 디렉터이다. 30년 가까이 대회를 진행하며 MDS를 세계에서 가장 유명한 사막 마라톤 대회로 만들어 냈다. 레이스 디렉터의 코스 브리핑이 끝났다. 이제 곧 시작이다. 가슴이 뛴다.

5, 4, 3, 2, 1, 0! 모든 참가자가 카운트다운을 외치며 첫 레이스를 시작했다. 1,000명이 넘는 선수가 사막 한가운데에서 동시에 출발하는 장면이 장관이다. 선두부터 후미 그룹까지 끝없이 행렬이 이어진다. 첫 번째 체크포인트가 있는 15km 지점까지 길고 웅장한 모래언덕이 이어졌다. 하늘에서는 헬리콥터들이 정신없이 날아다니고 사막에선 참가자들이 발 깊숙이 빠지는 모래언덕을 오르고 또 오른다. 모래언덕에선 한발 내밀고 다시 한발 내밀어도 미끄러져 다시 제자리다. 신발에 모래가 들어오지 않게 막아주는 게이터가 불량인 모양이다. 처음부터 신발 속에 모래가 쌓인다. 레이스 시작부터 곤혹을 치르고 있다.

한참을 달리는데 길을 안내해주는 깃발이 보이지 않았다. 참가자들은 제각각 지름길을 찾아 걷고 달리며 흩어졌다. 얼마나 갔을까? 벌써 2시간을 넘게 달렸지만, 모래언덕은 끝이 없었다. 흩어졌던 참가자들이 갈림길에서 둘로 나누어 달리고 있었다. 나는 사람이 더 많은 길을 달렸다. 하지만 이 길이 맞는지 몰라 불안했다. 깃발

977

479
133

걷다 뛰기를 반복했다. 시간이 지날수록 뛰는 시간보다 걷는 시간이 더 많아졌다. 앞뒤로 길게 늘어선 선수들은 아무 말이 없다. 마치 '수행자'처럼 자신과 싸우고 있다.

은 여전히 보이지 않는다. 점점 뭔가 잘못돼가고 있다는 생각이 들었다. 나는 2km나 더 돌아 달리고 있었다. 체크포인트에 거의 다 와서야 그 사실을 알았다. 안 그래도 힘든 사막에서 2km나 더 달리다니! 어깨가 탁 풀렸다.

첫 번째 체크포인트에는 이미 많은 사람으로 북적이고 있었다. 사막에선 체크포인트가 오아시스다. 10~15km마다 준비된 물과 의료 텐트가 우리를 반겨준다. 물을 마시고 신발에 가득 찬 모래를 털어낸 뒤 다음 오아시스를 향해 달리기 시작했다. 하지만 얼마 가지 못해 몸이 무거워졌다. 무거운 가방도 문제였지만 15km의 모래언덕을 오르느라 힘을 너무 많이 쓴 탓이었다. 걷다 뛰기를 반복했다. 시간이 지날수록 뛰는 시간보다 걷는 시간이 더 많아졌다. 앞뒤로 길게 늘어선 선수들은 아무 말이 없다. 마치 '수행자'처럼 자신과 싸우고 있다.

그렇게 두 번째 체크포인트를 지났다. 이제 결승선으로 직진하면 된다. 하지만 또다시 모래언덕이 길을 막는다. 아름다운 사막도 이 순간엔 지겹다. 머릿속은 언덕을 빨리 벗어나야 한다는 생각으로 가득했다. 첫날은 모래언덕으로 시작해 모래언덕으로 끝났다. 결승선에 도착하자마자 배낭을 던져넣고 텐트에 누웠다. 배는 고팠지만 뭔가를 먹을 정신이 없었다. 하루가 너무 길게 느껴졌다. 노을이 질 때까지 텐트에서 쉬었다. 힘든 하루가 지나가고 있었다.

둘째 날 아침, 패트릭 바우어의 코스 브리핑이 있었다. 사막 마라톤에서는 매일 아침 코스 디렉터가 그날의 코스에 대해서 브리핑을 해준다. 스테이지 2의 길이는 41km였다. 어제 길을 잃고 모래언덕에서 헤맨 기억이 너무나 강렬해 나는 귀를 쫑

긋 세우고 브리핑을 들었다. 오늘은 모래언덕과 자갈길, 바위산 등 코스가 다채로웠다. 어제보다 쉬워 보였다.
코스 브리핑이 끝나자 패트릭 바우어가 오늘 생일을 맞이한 참가자 이름을 부르기 시작했다. 내 이름도 있었다. 오늘이 4월 7일, 생각해보니 내 양력 생일이었다. 'Happy birthday to you, Happy birthday to you……. 1,000명이 함께 생일 축하 노래를 불러 주었다. 가슴이 뭉클했다. 사막 한가운데에서 듣는 생일 축하 노래는 무척 감동적이었다.
코스는 비교적 평이했지만, 더위가 문제였다. 기온이 섭씨 45도를 넘어섰다. 출발 전 소금을 먹었다. 사막에서는 물과 함께 소금을 먹어야 몸에서 빠져나온 염분을 보충할 수 있다. 소금 외에 전해질 음료, 물 등을 충분히 마셔 몸 관리에 특별히 신경을 써야 한다. 몸이 아프면 의지도 열정도 모두가 사라진다. 아프면 아무것도 할 수가 없다. 더위 탓에 오늘은 더 많은 탈락자가 나왔다. 시간이 흐르면서 몸은 사하라에 조금씩 적응하고 있었지만, 이와는 반대로 체력은 급격히 떨어졌다. 빨리 레이스가 끝나기를 희망하며 하루를 버텼다.

삭막한 사막에서 자유를 느끼다

어느덧 레이스는 스테이지 337.5km을 지나 스테이지 4인 롱데이가 다가왔다. 거리는 81.5km. 도로에서 달리는 100km 울트라마라톤은 여러 번 경험했다. 하지만 사막에서의 롱데이는 전혀 다른 레이스이다. 산길이나 모래 위를 달릴 때 사용하는 근육은 도로를 달릴 때 사용하는 근육과 다르다. 체력 소모도 훨씬 많다. 거기에다 음식과 장비를 넣은 배낭의 무게를 더하면 롱데이 레이스는 그야말로 고역의 날이다.
오늘의 체크포인트는 6개이다. 11km의 흙길을 지나자 첫 번째 체크포인트가 나왔다. 바로 앞에는 커다란 바위산이 버티고 있었다. 먼저 도착한 참가자들이 벌써 바위산을 오르고 있다. 말이 바위산이지 막상 오르려니 모래와 바위가 뒤섞여 있다. 경사가 심하고 먼저 오르는 사람들이 건드린 돌들이 종종 아래로 구른다. 돌이 구르지 않도록 한걸음 한 걸음 조심스럽게 발을 옮겨 놓았다. 30분 넘게 기어올라 정상에 도착했다. 바람이 시원하게 불어왔다. 동서남북 어디를 둘러보아도 나무 한 그루 보이지 않는다. 물 한 모금 마시며 잠시 쉬었다. 풍경은 삭막한데 이상하게 정신은 자유롭다. 다시 물 한 모금 마시고 지평선을 향해 카메라를 들었다.
산에서 내려오자 이번엔 모래언덕이다. 발이 깊게 빠진다. 첫날의 '악몽'이 떠오른다. 사막은 참 신비롭다. 특히 바람이 만든 갖가지 모래 능선은 신비롭고 아름답다. 파도처럼 물결치는 모래언덕이 잠시나마 육체의 고통을 잊게 해주었다. 고통과 절대 고독 가운데서도 아름다움을 느끼고, 작은 여유를 찾는다는 게 신기했다.
모래언덕을 벗어나자 넓은 평지가 나타났다. 아주 멀리 작은 점처럼 희미하게 체크포인트가 보였다. 5km는 되는 거리였다. 하지만 산을 넘고 모래언덕을 지나며 이미 물은 바닥이 나 있었다. 750mL 물 2병을 다 마셨다. 타는 목마름을 참으며 계속 전진했다. 오늘따라 태양이 유난히 따갑다. 멀리 보이는 체크포인트가 가도 가도 만날 수 없는 신기루처럼 보였다. 머나먼 길이었다. 내 발걸음 소리와 내 그림자를 친구삼아 걷고 또 걸었다. 물 한 모금이 간절했다.

겨우 두 번째 체크포인트에 도착했는데 벌써 정오가 지났다. 얼마나 목이 말랐는지 그 자리에서 1.5리터 물 한 병을 거의 다 마셨다. 텐트로 들어가 점심을 먹었다. 물에 불린 알파미건조 쌀와 초콜릿 바로 허기를 달랬다. 그래도 물을 마시고, 음식을 먹고, 텐트에서 잠시 쉬고 나니 조금 기운이 돌아왔다. 아직 갈 길이 멀다. 다시 일어나 뛰기 시작했다. 작은 언덕과 평지를 지나자 멀리 야자수와 작은 집들이 보였다. 오아시스 마을이었다. 동네 꼬마 아이들이 낯선 이방인을 신기한 표정으로 반겨(?)주었다. 여기저기 채소랑 곡식이 자라고 있다. 호수는 보이지 않았지만 어딘가에 샘물이 있는 모양이다. 알베르게라고 쓴 간판도 보인다. 사막을 여행하는 사

람들이 머무는 숙소였다. 흙으로 만든 작은 호텔이었다. 사막이라 그럴까? 채소와 나무 빛이 유난히 푸르게 보인다. 한국을 떠나기 전, 제주도엔 푸른 새싹이 돋고 벚꽃이 만개해 있었다. 지금은 푸르른 신록으로 갈아입었을 터였다. 고향의 봄 풍경을 떠올리니 갑자기 집이 그리웠다.

체크포인트 3을 지나 한참을 가다 보니 다시 바위산이 보이기 시작했다. 롱데이라 코스가 쉬울 거로 예상했는데, 그게 아니었다. 산을 오르고 다시 반복해서 능선을 오르내렸다. 산 제일 높은 곳에서 스텝들이 길을 안내하고 있었다.

"다음 체크포인트까지 얼마를 더 가야 하나요?"

몸이 힘드니 거리 감각도 없어진다. 빨리 이 순간에서 벗어나고 싶은 마음뿐이다.

"3km는 더 가야 해요."

3km라는 말이 30km처럼 멀게 느껴진다.

체크포인트에 도착해 신발의 모래를 털어낸 후 텐트로 들어가 잠시 누웠다. 눈을 감으니 오늘 지나온 코스가 그려졌다. 바위산, 모래언덕 그리고 다시 바위산, 모래사막, 무더위… 피곤하고 힘든 하루였다. 태양이 붉게 물들고 있다. 결승선까지는 아직도 30km를 더 달려야 한다. '롱데이를 무사히 마칠 수 있을까?'라는 생각과 '그렇게 해야 한다'라는 다짐이 머릿속을 들락날락했다.

한참을 쉰 뒤 다시 발걸음을 옮겼다. 모래사막이 끝없이 이어졌다. 날은 금세 어두워졌다. 앞서가는 사람들의 헤드랜턴이 긴 '불빛 행렬'을 만들어 뒤에서 따르는 참가자들에게 길을 안내하고 있었다. 내 앞뒤로 불빛이 끝없이 길게 늘어섰다. 하늘의 푸른 별과 노란 달이 선수들을 응원하듯 내려다보고 있다. 달과 별을 보며 눈빛으로 대화를 나눴다. 텔레파시라도 통한 것일까? 몇 시간 전에는 너무 지쳐 절망적이었는데, 마음이 한결 가벼워졌다. 발걸음도 점점 빨라졌다. 밤이 깊을수록 달과 별이 더 선명하게 빛났다. 기나긴 롱데이가 끝나가고 있었다.

오늘까지 197km를 달렸다. 롱데이는 1박 2일로 진행되기에 일찍 들어온 선수는 하루를 쉴 수 있다. 내일은 꿀맛 같은 휴식이 기다리고 있다. 이제 남은 거리는 Stage

5와 Stage 6을 합해 50km 남짓이다. 긴장을 풀 수는 없지만 그래도 롱데이를 무사히 마쳤다. 안도감이 파도처럼 밀려온다.

나는 다시 달린다

하루를 쉰 뒤 Stage 5를 부담 없이 달렸다. 몸도 마음도 가벼웠다. 무엇보다 무릎이 아프지 않아 다행이다. 다시 달릴 수 있다는 자신감이 생겼다. 순위경쟁은 내 관심에서 벌써 멀어졌다. 완주하는 것, 사막의 신비와 고통 끝에 오는 자유를 만끽하는 것, 그것으로 나는 만족한다.

사하라사막 레이스가 끝을 향해 가고 있다. 마지막 날은 유니세프를 위한 자선 행사로 진행됐다. 모든 참가자가 파란색 유니세프 티셔츠를 입고 모래사막을 지나 결승선이 있는 마을까지, 7km를 뛰지 않고 걸었다. 감동적인 걷기로 일주일 동안 이어진 사막 레이스가 끝났다. 45개국에서 온 1,029명 중에서 917명이 완주에 성공했다. 놀라운 완주 성공률이었다.

사람들은 어떤 이유로 머나먼 땅 사하라까지 와서 고통을 경험하는 것일까? 왜 안락하고 편안한 일상에서 벗어나 '극한의 환경'으로 자신의 몸을 내던지는 것일까? 각자 동기와 사연이 다를 것이다. 이유는 다르지만, 선수들은 뭉클한 성취감을 동시에 느꼈을 것이다. 새로운 세상을 경험하고, 새로운 사람을 만나며 연대의 마음도 깊이 새겼을 것이다. 일상에서 얻지 못할 특별한 행복감을 체험했을 것이다. 그리고 혹 누군가는 다시 달릴 수 있다는 확신과 용기를 얻었을 것이다. 내가 그러하듯이.

일주일 동안, 유독 나 자신과 많은 대화를 나눴다. 4년 만에, 나는 다시 달릴 수 있다는 희망을 찾았다. 내 안의 '꿈과 열정'도 다시 만났다. 다시 달릴 수 있으므로, 그것으로 충분했다.

1043

Jeju
BYEUNGSIK-KOR
1043

바오밥나무를 보고 싶었다

마다가스카르 레이스 253km

마다가스카르 레이스 253km. 바오밥나무를 보기 위해 머나먼 여기까지 날아왔다. 모래 해변을 달리고, 바오밥나무를 눈에 넣으며 초원지대를 달렸다. 협곡을 달리고 강을 건너고 계곡을 지나쳤다. 스테이지가 끝나면 모닥불을 피워놓고 원주민들과 놀았다.

바오밥나무의 나라, 마다가스카르

마다가스카르Madagascar는 아프리카 남동쪽 인도양에 있는 세계에서 4번째로 큰 섬나라이다. 언젠가 TV에서 만났던 마다가스카르의 상징 바오밥나무를 보고 싶었다. 바오밥나무 하나만으로도 마다가스카르 레이스 253km에 참가할 이유는 충분했다. '아프리카의 섬나라에서 나는 누구를 만나고 또 어떤 경험을 하게 될까?' 출발하기 전부터 설렘으로 가득했다. 2014년 가을, 마다가스카르로 향했다.

마다가스카르 레이스는 이 나라의 맨 북쪽 작은 항구도시 안트시라나나에서 열린다. 수도 안타나나리보에서 국내선 비행기로 약 2시간 정도 날아갔다. 스태프와 자원봉사자와 참가자 300여 명을 수용할 수 있는 호텔이 그곳엔 없었다. 여러 호텔에 나누어 머물렀다. 나는 이곳에서 가장 크고, 레이스 대회의 메인 사무실이 있는 '리그랜드호텔'에서 지냈다.

호텔에서 하루를 머문 후 다음 날 오후 2시, 버스를 타고 대회 장소로 이동했다. 버스는 우리가 생각하는 대형 버스가 아니었다. 10명이 겨우 탈 수 있는 작고 낡은 차량이었다. 아스팔트 도로가 여기저기 부서지고 흠이 파여 버스는 더디게 이동했다. 3시간을 달려 하늘이 붉게 물들 무렵 대회 장소에 도착했다. 인도양의 푸른 바다가 보이는 한적한 바닷가 마을이었다. 마을 사람들이 춤을 추며 낯선 이방인들을 환영해주었다.

이번 대회엔 40여 나라에서 240여 명이 참가했다. 마다가스카르 레이스도 다른 사막 마라톤과 마찬가지로 일주일 동안 물과 음식, 장비가 든 배낭을 메고 달리는 서바이벌 스테이지 레이스이다. 롱데이 77km를 포함해 253km의 거리를 7일 동안 나누어 달렸다.

마다가스카르 레이스는 삭막한 아프리카를 보여주지 않았다. 미소를 품은 원주민과 바오밥나무, 멋진 해변과 붉은 협곡, 그리고 바다처럼 푸른 호수를 보여주었다.

초원지대를 달리며 나는 자유를 느꼈다

하얗게 부서지는 파도, 끝없이 이어진 모래 해변, 그리고 바오밥나무. 참 멋진 풍경이었다. 특히 나는 바오밥나무를 보기 위해 머나먼 여기까지 날아왔다. 코스가 버라이어티했다. 해변 모래밭을 달리고, 바오밥나무를 눈에 넣으며 초원지대를 달렸다. 협곡을 달리고 강을 건너고 계곡을 지나쳤다. 그러다가 늪지를 지나면 또 초원지대가 나타났다. 다시 해변을 달렸고, 맹그로브 숲도 지나쳤다. 스테이지가 끝나면 모닥불을 피워놓고 원주민들과 놀았다. 원주민들의 춤과 음악이 길게 이어졌다. 그들은 '지금, 이 순간'을 즐기듯 열정적으로 춤을 추었다. 하루하루 바쁘게 살아가는 우리보다 그들이 몇 배는 더 행복해 보였다. 이웃과 함께하며 웃고 즐길 수 있다면 그것만으로도 충분히 행복한 삶이 아닐까? 마다가스카르 사람들의 삶은 많은 생각을 하게 만들었다.

아프리카 초원지대를 잊을 수 없다. 소들이 풀을 뜯고 있었고, 사람들은 나무 그늘에서 평화롭게 쉬고 있었다. 앞으로 달려 나갈 때마다 아프리카 오지에서만 볼 수 있는 전형적인 풍경이 이어졌다. 바람이 불어오는 아프리카의 초원지대를 달리며 나는 잠시 자유로워졌다. 그것은 내가 일상에서 얻을 수 없는 자유였고, 행복이었다. 레이스 도중 어느 산 정상에서 바라본 눈이 시리도록 푸른 새크레드Sacred 호수도 잊을 수 없다. 오지마을 한가운데 이렇게 아름다운 호수가 있다는 게 믿기지 않았다. 호수는 신비롭게 아름다웠다.
마다가스카르 레이스는 삭막한 아프리카를 보여주지 않았다. 미소를 품은 원주민과 바오밥나무, 멋진 해변과 붉은 협곡, 그리고 바다처럼 푸른 호수를 보여주었다.

1
216

힘겹게 레이스를 마치면 주최 측이 구멍을 낸 코코아 열매를 나누어주었다. 시원한 코코아 원액을 마시고 파란 하늘을 올려다보면 지친 몸에 생기가 돌았다. 마다가스카르 레이스는 순간순간이 특별했다.

그렇게 힘든데 왜 달려요?

롱데이의 밤하늘도 잊을 수 없다. 77km를 달리는 건 어디서나 힘들다. 몸 여기저기서 아프다고 아우성이었다. 하늘에 뜬 수많은 별을 벗 삼아 걷고 또 걸었다. 밤길을 걸으며 지나온 내 삶을 떠올렸다. 미래의 내 삶도 상상해 보았다. 나는 잘 걸어가고 있는지, 내 삶은 제 방향으로 가고 있는지, 자문하며 성찰했다. 그러다 다시 힘들면 지금, 이 고통은 잠시라고, 스스로 위로하며 걸었다. 그렇게 걷다 보면 어느새 레이스의 끝이 보였다.

"그렇게 힘든데 왜 달려요?"

사람들이 가끔 묻는다. 미지의 세계에 관한 호기심, 같은 꿈을 꾸는 사람들과 공유하는 연대감, 도전한 사람만 느낄 수 있는 희열과 성취감, 살아있음을 생생히 느끼는 감각적인 즐거움……. 내가 달리는 이유는 참 많다. 그래도 하나만 꼽으라면, 나는 나의 삶을 사는 것이라고 말하고 싶다. 내가 가장 즐겁고, 내가 제일 잘하고, 내가 가장 행복한 일, 그게 달리는 거다. 나는 달리며 나의 시간을 만들어낸다. 나는 달리며 나의 삶을 산다. 달리는 순간순간이 모이면, 그게 내 인생이다. 내 삶이므로, 힘들고 지쳐도 세계 곳곳을 누비며 부지런히 달린다.

이번엔 자전거다

미국횡단 레이스 4,800km

ACROSS AMERICA

이번엔 달리기가 아니라 자전거다. 이형모 선수가 국내 최초로 미국횡단 사이클 레이스 4,800km에 도전했다. 12일 안에 4,800km를 완주해야 하는 극한의 경주에, 나는 선수가 아니라 스태프로 참여했다.

일단 출발하면 멈출 수 없다

"미국횡단 레이스는 투어가 아니다. 이것은 경주이다. 세상에서 가장 긴, 일단 출발하면 멈출 수 없는 궁극의 경주이다."

이번엔 달리기가 아니라 자전거다. 이형모 선수가 국내 최초로 미국횡단 사이클 레이스RAAM. Race Across America에 참여한다는 소식을 듣고 홈페이지부터 찾아봤다. 소개 글에서 주최 측의 레이스에 대한 자부심이 느껴졌다. 욕심이 났다. 비록 선수로 출전하진 못하지만, 스태프 자격으로라도 꼭 참가하고 싶었다. 곧장 이형모 선수에게 연락했다. 울트라 마라톤에 많이 참가한 내 경험이 이번 대회를 치르는 데 도움이 될 거라며, 그는 흔쾌히 내 제안을 받아주었다. 영광스럽게도 '팀 코리아'의 일원이 된 것이다.

미국횡단 레이스는 12일 안에 4,800km를 라이딩해야 하는 극한의 경주이다. 출발지는 미국 서부 캘리포니아주 샌디에이고 북쪽의 오션사이드이다. 넓은 모래사장과 일렁이는 파도가 매력적인 곳으로, 서핑, 수영, 패들보드 마니아의 성지이다. 결승 지점은 동부 메릴랜드주의 해변 도시 아나폴리스이다. 모하비사막, 로키산맥, 섭씨 45도가 넘는 애리조나 사막지대, 모뉴멘트 밸리, 애팔래치아산맥……. 이 모든 난관을 극복해야 아나폴리스에 도착할 수 있다. 우리에게 오션사이드는 도전의 도시이다. 그리고 아나폴리스는 가슴 벅차게 마침표를 찍는 성공의 도시가 될 것이다.

2014년 초여름, 대회가 열리는 오션사이드에 도착했다. 내가 맡은 일은 카메라맨 겸 서포터이다. 주최 측에서 나누어주는 자료가 책처럼 두껍다. 오리엔테이션 설명 자료만 66면, 루트 지도가 56장이다. 세계 최장 자전거 대회답다. RAAM 종목은 크게 솔로 부분과 단체 부문으로 나뉜다. 솔로 부문은 말 그대로 처음부터 끝까지 혼자 달려야 한다. 단체 부문은 2인 팀, 4인 팀, 8인 팀으로 나뉘어 진행한다. 단체 경주는 팀원이 나누어 탄다. 두 명, 네 명, 여덟 명이 번갈아 타면 된다. 'Race Across America'는 올해로 33회째로, 솔로 54명과 300여 팀이 참가했다. 이형모 선수는 대한민국 최초로 솔로 종목에 출전한다. 하루 평균 2~3시간만 자며 매일

KOREA
502
NOVATEC

400km 이상을 달려야 겨우 제한 시간 안에 도착할 수 있다. 이전까지 아시아에서 솔로 완주자는 일본인 참가자 한 명뿐이었다. 그는 한국을 넘어 아시아의 사이클 실력을 보여주어야 한다.
이형모 선수는 원래 이름난 등반가였다. 2005년에 칸텡그리7,010m 단독 등정에 성공했고, 2006년엔 에베레스트8,848m 정상에 올랐다. 그리고 2009년엔 박영석과 더불어 에베레스트 남서벽 루트를 새롭게 개척했다. 잘 나가던 등반가는 2011년 철인3종경기와 자전거로 종목을 바꿨다. 그해 김기중 선수와 짝을 이뤄 한국 최초로 'Race Across America' 대회에 참가해, 우승까지 거머쥐었다.
솔로 부문에 참가한다고 혼자 모든 걸 챙기며 그 긴 거리를 달릴 수는 없다. 대회 규정이 엄격해서 반드시 선수를 도울 서포터와 차량이 함께해야 레이스에 참가할 수 있다. 한국에서는 자전거 메카닉자전거 전문 엔지니어, 운동 트레이너, 차량 운전, 행정, 카메라맨 등 모두 8명이 서포터로 참여했다. 서포터들은 차량 2대에 나누어 타고 길 안내, 음식 제공, 체력 관리, 잠자리 마련, 자전거 정비, 기록 관리, 촬영 등 선수에게 필요한 온갖 일을 해야 한다. 미국횡단 레이스는 선수와 서포터가 한 몸이 돼야 완주할 수 있는 대회이다.

로키산맥을 넘어 동쪽으로!

6월 15일, 드디어 결전의 날이 밝았다. 오션사이드에서 정오부터 한 사람씩 출발하기 시작했다. 이형모 선수는 오후 1시가 다 되어 머나먼 여정의 출발점에 섰다. 미국을 횡단하는 동안 어떤 일들이 일어날지, 앞으로 다가올 상황은 누구도 알 수 없었다. 그것은 두려움이기도 했고 설렘이기도 했다.
첫날부터 잠과 싸움이 시작됐다. 이 대회엔 곳곳에 난관이 도사리고 있지만, 가장 큰 어려움은 밀려오는 잠이었다. 선수도, 서포터도 2일 동안 거의 밤을 새우며 800km를 넘게 달렸다. 최소한 하루 400km를 달려야 제한 시간에 완주할 수 있기에 먹는 미국횡단 레이스엔 잠자는 시간이 따로 없다. 선수와 스태프가 알아서 자야 한다. 이형모 선수는 가다가 졸리면 자전거에서 내려 길가에 침낭을 깔고 30분, 1시간씩 쪽잠을 잤다. 서포터들도 마찬가지였다.

시간도, 휴식하고 잠자는 시간도 무조건 아껴야만 했다. 사실 체력을 소모하는 운동선수에게 제일 필요한 게 잠과 충분한 휴식이었다. 하지만 여기에서는 그런 것들도 무시하고 달려야 한다. 3일, 4일이 지나면서 선수도, 서포터도 지치기 시작했다.

레이스 초반에 애리조나 사막 지대와 로키산맥을 지나야 한다. 애리조나주 사막을 지날 때는 45도가 넘는 무더위가 이어졌다. 해발 고도가 낮은 곳이라 바람이 거의 불지 않았다. 태양에 뜨겁게 달궈진 아스팔트 위를 달리고 또 달렸다. 사막 지대를 통과하자 이번에는 3,000m가 넘는 로키산맥이 앞을 가로막는다. 초여름이었지만 산 정상은 영하로 떨어지는 추운 날씨였다. 더워도, 추워도, 낮에도, 밤에도 우리는 달려야 한다. 컴컴한 밤에 오직 자동차 불빛에 의지하여 로키산맥의 봉우리들을 오르고 내리길 반복했다. 그러는 사이 해는 떠올랐고, 어느새 다시 해가 지고 있었다. 대회 중반으로 갈수록 이형모 선수가 급격히 지쳐갔다.

하루는 폭우를 만났다. 그칠 줄 모르고 세찬 비가 종일 내렸다. 그래도 비를 피할 수 없었다. 다른 방법이 없었다. 계속 달려야 했다. 후진을 모르는 야생마처럼 따갑게 쏟아지는 빗줄기를 맞으며 앞으로 달려 나가야 했다. 이형모 선수는 잠과 피로와 비와 싸우며 계속 페달을 밟았다.

미국횡단 레이스엔 잠자는 시간이 따로 없다. 선수와 스태프가 알아서 자야 한다. 이형모 선수는 가다가 졸리면 자전거에서 내려 길가에 침낭을 깔고 30분, 1시간씩 쪽잠을 잤다. 서포터들도 마찬가지였다. 서포터는 모든 걸 선수에게 맞추어야 한다. 며칠이 지나자 날짜 감각도 없어지고 낮과 밤의 경계선도 사라져 갔다. 태양이 뜨고, 태양이 지고, 날이 밝고 다시 밤이 찾아오고. 우리는 달렸고, 시간은 흘렀다.

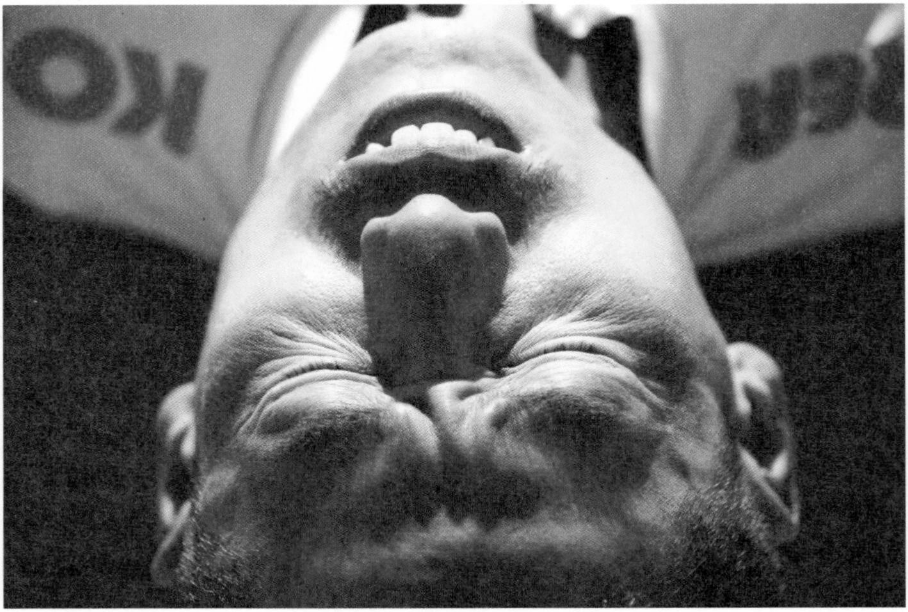

차에서 또는 길가에 누워 쪽잠을 자는 일이 쭉 이어졌다.

모뉴먼트 밸리는 영화 <포레스트 검프>의 촬영지이다. 게다가 전체 코스에서 첫 손에 꼽히는 비경이다. 하지만 몸도 마음도 지쳐 그 신비로운 풍경이 크게 다가오지 않았다. 낮에는 뜨거운 태양을 벗 삼고, 밤에는 반짝이는 별빛을 벗 삼아 '팀 코리아'는 아나폴리스를 향해 전진했다. 모뉴먼트 밸리보다 한 줄기 바람과 길가에서 자는 쪽잠이 더 큰 위로가 되었다.

"형모야 일어나!"

레이스 중반을 넘기면서 이형모 선수의 체력이 급격히 떨어졌다. 그의 쪽잠 시간이 조금씩 길어졌다.

"5분만 더. 10분만 더…….

이제는 본인 의지로는 일어날 수 없는 지경에 이르렀다. 그래도 잔인하지만 우리는 그를 깨워야 했다. 사실 이형모 선수는 대회를 일주일 앞두고 아버지를 잃었다. 그는 잠뿐만 아니라 가슴 가득한 슬픔도 물리치고 페달을 밟았다. 매일, 매시간 포기하고 싶은 마음을 억누르며 하루하루를 버텨내고 있었다. 눈물이 날 지경이었다.

"RAAM은 인생이다"

레이스는 어느새 후반으로 접어들었다. 아직 제한 시간에 반나절 정도 여유가 있었다. 하지만 길을 잃거나 몸져누우면 반나절은 너무나 짧은 시간이었다. 운명의 장난일까? 우린 정말 길을 잃어버렸다.

그동안 GPS를 이용해 대회 측에서 제공한 코스를 따라 큰 실수 없이 잘 달려가고 있었다. 하지만 막판에 서포터들이 바뀐 코스를 제대로 체크하지 못하는 바람에 엉뚱한 길로 달리고 있었다. 1분, 1초가 아쉬운 상황에서 길을 잃고 3시간이나 허비했다. 선수에게는 체력소모 못지않게 정신적으로도 더욱 힘든 상황이 돼버렸다. 아, 어쩌나! 선수는 지쳤고, 게다가 우리는 곧 애팔래치아산맥을 넘어야 한다.

RACE ACROSS AMERICA
OCEANSIDE, CA TO ANNAPOLIS, MD
FINISH
FINISH
KOREA
TREK

RACE ACROSS AMERICA
RAAM
OCEANSIDE, CA TO ANNAPOLIS, MD · 3000 MILES
RAAM
FINISH
KOREA
KOREA
SIERRA NEVADA
BREWING CO.

"괜찮아요. 난 평지보다 오르막 구간이 더 자신 있어요."
그는 스태프를 위로하며 다시 페달을 밟았다. 다행히 이형모 선수는 마지막 난코스 구간인 애팔래치아산맥을 예상보다 빠른 속도로 오르기 시작했다. 한때 등반가로 이름을 날린 경험이 빛을 발하고 있었다. 스태프의 실수로 자초한 '위기'를 이형모 선수는 실력으로 이겨내고 있었다.
이제 끝이 보였다. '팀 코리아'는 희망의 땅 아나폴리스로 향했다. 지난 11일 동안 이형모 선수는 무슨 생각을 하며 여기까지 달려왔을까? 아버지를 잃은 슬픔을 어떻게 이겨냈을까? 저 멀리 결승선이 보인다. 이형모 선수가 마지막 힘을 다해 페달을 밟는다. 그가 결승선으로 달려가는 뒷모습을 보자 갑자기 울컥 가슴이 복받쳤다. 우리는 이형모 선수를 따라 태극기를 펄럭이며 달렸다. 길가의 많은 사람이 '코리아'를 외치며 환호해 주었다. 12일 동안의 여정이 영화 필름처럼 빠르게 지나갔다. 결승선에 다가갈수록 뭉클한 감동이 밀려왔다. 나도 이렇게 가슴 벅찬데 선수 본인은 말해서 무엇하랴. 낯설고 거대한 미국을 횡단하며 그동안 많은 사람의 환호를 받았다. 스태프도 그렇지만 이형모 선수에게는 무엇과도 바꿀 수 없는 소중한 경험이었을 것이다.
11일 21시간 58분. 이형모 선수는 제한 시간을 약 2시간 남겨 놓고 완주에 성공했다. 미국횡단 레이스 4,800km. 한국인 최초의 솔로 부문 완주였다! 30년이 넘은 이 대회에서 솔로 완주자는 220여 명에 불과하다. 그중 한 명이 '팀 코리아'의 이형모 선수다.
해마다 많은 사람이 극한의 고통에 몸을 던진다. 힘들고 지치고 고통스러운 것을 알면서 사람들은 왜 극한의 환경에 도전할까? 이형모 선수는 그 이유를 이렇게 말했다.
"RAAM은 인생이다. 내 앞에 힘들고 고통스러운 일이 닥쳤을 때 그것을 피해간다면 우리가 원하는 목적지에 도착할 수 없다. 온전히 고통을 응시하며 부딪혀야 한다. 정말 힘들어도, 더는 할 수 없다고 느낄 때도 금세 다시 일어나야 한다. 무언가 할 수 있다는 것! 하고 있다는 것! 그 자체가 소중한 행복이다."

적도를 달리다

에콰도르 레이스 250km

ECUADOR RACE

에콰도르의 안데스산맥에서 250km를 달리는 울트라 트레일 대회가 열렸다. 레이스는 해발 3,000~4,000m 고산지대에서 진행됐다. 조금만 뛰어도 숨이 턱턱 막히는 산악 레이스. 이러다가 쓰러지겠다 싶을 즈음 결승선을 통과했다.

adidas

나라 이름이 적도라니!

적도. 지구의 남반구와 북반구의 중앙, 위도가 0도인 지역. 에콰도르는 적도의 나라이다. 에콰도르라는 나라 이름 자체가 스페인어로 적도Equator라는 뜻이다. 안데스산맥, 열대 우림, 사막 지형, 남태평양의 외딴 섬 갈라파고스……. 땅은 크지 않지만, 에콰도르는 무척 다양한 기후 조건을 가지고 있다. 수도 키토는 해발 2,800m 고지에 있다. 세계에서 가장 높은 곳에 있는 도시라고 했다. 조금 생소한 나라지만 다가갈수록 다양한 매력을 숨겨 놓은 곳이었다.

레이스는 에콰도르에서 가장 높은 코토팍시산Cotopaxi, 5,947m 부근에서 열린다. 코토팍시산은 에콰도르의 수도 키토Quito에서 남쪽으로 70km 떨어져 있다. 현재 활발히 활동하는 활화산으로, 활화산 중에서 세계에서 가장 높은 산이다. 실제로 레이스가 끝난 지 몇 주 후에 이곳에서 화산 폭발이 일어났다.

첫날은 해발 3,000m가 조금 넘는 곳에서 잤다. 배낭 무게를 줄이려고 겨울옷을 가지고 오지 않았는데 기온이 섭씨 0도 가까이 내려갔다. 높은 산이라고 하지만 8월의 적도가 이렇게 추운 줄 몰랐다. 첫날부터 추위에 떨다 거의 뜬눈으로 밤을 새웠다. 동이 트기 전 텐트 밖으로 나왔다가 온몸이 얼어 버릴 만큼 추워 다시 텐트 안으로 들어왔다. 다시 자리에 누웠으나 잠이 오지 않는다. 어제보다 더 피곤하고 몸이 무겁다. 레이스 첫날부터 47km를 달려야 하는데 걱정부터 앞선다.

눈 덮인 코토팍시산을 앞에 두고 첫날 레이스가 시작됐다. 일주일 동안의 음식과 장비가 배낭 가득 들어있어서 어깨가 아프고 무겁다. 5km쯤 오르막을 오르자, 갑자기 평원이 나타났다. 코토팍시는 넓은 평원 지대에 우뚝 솟아 있다. 태양에 붉게 물든 산이 신비롭다. 평원을 지나 내리막을 달려 작은 마을로 들어섰다. 고산 마을 꼬마들이 길가로 나와 박수를 보내며 낯선 이방인을 반겨준다. 몇몇 아이들이 사진을 찍자고 따라온다. 사진을 찍은 후 아이들 손을 잡고 같이 달렸다. 예상치 못한 격려와 응원에 발걸음이 한결 가벼워졌다. 다행히 길도 내리막이다.

약 7시간 동안 47km를 달려 캠프에 도착했다. 캠프는 고산 마을의 작고 오래된 수

도원에 있었다. 아름다운 꽃과 나무로 정원을 잘 가꾸어 놓았다. 작지만 고요하고 아름답다. 마치 일부러 숨겨 놓은 평화로운 비밀의 수도원 같다. 수도원을 보자 내 마음이 저절로 평화로워졌다.

벌써 20명이 짐을 쌌다

첫날은 날이 추워 밤새워 뒤척였으나 어제는 눕자마자 곯아떨어졌다. 오늘은 41km를 달린다. 어제보다 거리는 짧지만, 해발 2,800m에서 시작해 3,400m까지 올라야 한다. 코스 대부분이 오르막이다. 마을을 벗어나니 작은 계곡과 풀과 나무가 우거진 숲이 나타났다. 제대로 된 길이 없다. 시작부터 숲을 뚫고 가야 한다. 약 3km의 숲길을 지나자 이번에는 비포장 오르막길이 나타났다. 걸어도 걸어도 끝이 없다. 배낭은 어깨를 누르고, 온몸은 땀에 흠뻑 젖었다. 이럴 땐 다른 방법이 없다. 지치는 마음을 달래며 걷고 달리기를 반복했다. 오르막이 끝날 즈음 작은 마을이 나타났다. 주름 가득한 할머니가 낯선 이방인들을 우두커니 바라보고 있다. 마을을 지나자 큰 계곡 옆으로 작은 오솔길이 나타났다. 계곡에서 바라보는 산 아래 풍경은 눈이 부시도록 아름다웠다. 다시 마을이 나타났다. 여기서부터는 또 오르막이다. '고행의 길'이 끝없이 이어졌다.

끝날 것 같지 않던 오르막이 끝났다. 정상 부분에 다다르니 캠프에서 나온 자원봉사자들이 나와 북을 치며 격려해주었다. 반나절이 하루보다 더 길게 느껴질 만큼 힘든 순간이었다. 적도의 땅, 해는 아직 머리 위에서 뜨겁게 비치고 있었다. 해가 기울수록 도착하는 선수들이 많아졌다. 붉은 노을의 환영을 받으며 마지막 선수가 캠프에 도착했다.

여러 나라 선수들과 텐트를 같이 사용했다. 일본인 2명, 캐나다 사람 2명, 에콰도르 선수 1명, 그리고 나, 이렇게 여섯 명이었다. 그중 캐나다 친구 한 명이 레이스를 포기했다. 이틀이 지났을 뿐인데 다른 텐트에서도 포기자가 속출했다. 참가자 150

오늘의 코스 제목은 'Camino del Inca' 즉 '잉카의 길을 따라간다'라는
의미이다. 고대 잉카 트레일을 따라가는 코스는 내일까지 이어진다.
인디오와 잉카문명을 경험할 수 있다니, 은근히 기대된다.

여 명 중 20명이 짐을 쌌다. 초저녁인데 벌써 코 고는 소리가 들린다. 한참을 뒤척이다 나도 잠이 들었다.

오늘이 벌써 스테이지 3이다. 46km를 달려야 한다. 오늘의 코스 제목은 'Camino del Inca' 즉 '잉카의 길을 따라간다'라는 의미이다. 고대 잉카 트레일을 따라가는 코스는 내일까지 이어진다. 인디오와 잉카문명을 경험할 수 있다니, 은근히 기대된다.

바람이 몹시 세차게 불었다. 한 시간을 넘게 달리자 넓은 초원 지대가 나타났다. 나무 하나 없는 평원에 풀들이 연한 갈색으로 물들고 있다. 마치 가을 억새가 바람에 날리는 제주도를 연상시켰다. 바람을 맞으며 3,000m의 고산 평원을 달렸다. 내내 행복하고 평화로운 시간이었다.

초원 지대를 지나자 다시 오르막이다. 저 멀리 높게 솟은 봉우리는 TV에서 보던 안데스 풍경 그대로였다. 정상에 다 왔을 무렵 커다란 새 한 마리가 높게 날고 있었다. 크기와 모양새가 안데스의 바위산에 살고 있다는 콘도르처럼 보였다. 콘도르condor는 안데스산맥에 사는 매이다. 몸길이가 1m가 넘는다. 안데스의 잉카인들은 콘도르를 신성시했다. 잉카의 언어로 '무엇에도 얽매이지 않는 자유'라는 뜻이다. 아, 얼마나 멋진 이름인가. 난 안데스산맥을 헐떡거리며 겨우 달리고 있었고, 새는 제 이름처럼 무엇에도 얽매이지 않고 자유롭게 하늘을 날고 있었다. 새는 오래도록 내 머리 위를 떠나지 않았다.

길은 오르막과 내리막의 반복이었다. 계곡을 따라 이어지는 작은 마을과 아름다운 고산 풍경, 한가로이 풀을 뜯는 소 떼, 언덕 위의 작은 집 한 채……. 안데스의 평화와 고요함이 너무 좋았다. 잉카인들의 삶도, 심성도 자연을 닮았으리라. 콘도르와 잉카를 생각하며 달리다 보니 어느새 캠프에 도착했다. 배낭을 텐트에 던지듯 내려놓고 캠프 옆 계곡으로 달려갔다. 차가운 물에 발을 담그니 온몸에 전율이 흐른다. 어느새 레이스도 중반으로 접어들고 있었다.

천천히 걷다 뛰기를 반복하며 앞에 보이는 낄라또아산Quilotoa 정상으로 향했다. 3,900m, 저 산 정상에는 백두산 천지 같은 호수가 있다고 했다. 몸은 힘든데 이상하게 마음이 설렌다.

고산지대 아이들이 슬퍼 보였다

날씨가 추워 뜬눈으로 밤을 지새웠다. 오늘따라 유난히 몸이 무겁다. 몸이 무거우니 마음도 가라앉는다. 나뿐이 아니다. 포기하는 사람도 늘고, 물집이 생기거나 발목을 다친 선수도 많다. 여러 나라에서 자원한 의사들이 부상자를 돌보고 치료하지만, 몸이 당장 낫는 게 아니니 대부분 작은 부상을 달고 뛴다.

오늘은 계곡을 따라 산 위로 올라간다. 우거진 풀숲을 지나고 나무다리도 건넜다. 다리가 없을 땐 계곡을 건넜다. 신발이 젖어 속도가 나지 않는다. 팔과 다리엔 나무와 가시에 긁힌 상처가 선명하다. 아스팔트 도로라면 벌써 지루했을 텐데 길이 버라이어티해서 좋다. 트레일 러닝에서만 느낄 수 있는 매력이다. 계곡을 따라 약 10km를 달리고, 다시 급경사의 언덕을 거북이걸음으로 한참을 오르자 정상에 첫 번째 체크포인트가 있었다. 두 번째 체크포인트로 가는 길은 먼지가 뿌옇게 날리는 울퉁불퉁한 비포장도로다. 가끔 세찬 바람이 사막에서 모래를 몰고 오듯 흙먼지를 날라왔다. 날씨도 무척 덥다. 오늘이 제일 덥다. 낮에는 여름, 밤에는 겨울 날씨가 계속 이어졌다. 벌써 몸이 지쳤다. 두 번째 체크포인트에서 잠시 쉬며 몸을 추슬렀다.

천천히 걷다 뛰기를 반복하며 앞에 보이는 낄라또아산Quilotoa 정상으로 향했다. 3,900m, 저 산 정상에는 백두산 천지 같은 호수가 있다고 했다. 몸은 힘든데 이상하게 마음이 설렌다. 마치 남미의 안데스가 아니라 내가 백두산을 오르는 느낌이다. 와~! 낄라또아 호수는 정말 천지를 닮았다. 크기는 물론 모양까지 비슷하다. 내 발아래에서 에메랄드빛 호수가 눈이 부시도록 아름답게 빛나고 있었다. 아름다움

76

34

을 넘어 신비롭기까지 하다. 힘들게 오른 만큼 감동도 컸다. 이게 고통 뒤에 오는 행복이란 것일까?

길은 산정호수를 따라 계속 이어졌다. 이것은 또 무슨 인연일까? 콘도르가 낄라또아 호수 위를 날고 있다. 어제 본 그 새가 아닐까? 새는 날갯짓도 없이 바람에 몸을 맡기고 한참을 날았다. 신비로운 호수와 자유로운 콘도르, 그리고 나. 지금 이대로 시간이 멈추었으면 좋겠다. 사람들이 멈춰 선 나를 앞질러 간다. 그래도, 잠시라도 시간이 멈추었으면 좋겠다.

네 번째 캠프는 고산 마을의 작은 학교에 있었다. 저녁 식사를 마친 선수들이 하나 둘 모닥불로 모여들었다. 동네 꼬마 아이들도 모닥불에 둘러앉았다. 눈이 크고 똘망똘망하다. 그런데 이상했다. 아이들 눈동자가 왠지 모르게 슬퍼 보였다. 나는 잠자리에서 누워서도 한동안 아이들 눈빛을 떠올렸다. 나의 오독이었을까? 아니면 유난히 밝고 푸른 달빛 때문이었을까?

또 하나의 도전을 끝냈다

오늘은 롱데이 코스를 달린다. 63km를 달려야 한다. 마지막 날은 12km 코스이니, 오늘만 잘 견디면 완주할 수 있다. 해발 3,000m 고지대에서 출발해 해발 900m까지 내려간다. 오르막과 내리막이 반복되겠지만 그래도 전체적으로는 내리막 레이스이다. 오전 10시 경주가 시작됐다. 끝없이 이어지는 산맥들, 광활한 초원 지대, 한가로이 풀을 뜯고 있는 양과 소. 주변으로 보이는 풍경이 마치 알프스 같다.

절반 넘게 달렸을 즈음 프랑스 친구 새드릭을 만났다. 그와 나는 이번 레이스 내내 앞서거니 뒤서거니 달렸다. 오늘은 경쟁자가 아니라 동반자로 달렸다. 그동안은 잠깐 눈인사만 했는데 오늘은 같이 달리면서 틈틈이 이야기를 나눴다. 그는 느낌이 특별한 친구였다. 똑똑함이 느껴지는 말투와 외모, 부드러운 목소리가 매력적이었다. 프랑스 출신이지만 지금은 홍콩에서 일한다고 했다. 그땐 몰랐는데 오래전 칠

where athletic frontiers

레의 아타카마 사막을 함께 달린 인연도 있었다.

밑으로 내려올수록 주변 풍경이 바뀌기 시작했다. 고산지대가 어느 순간 정글 숲으로 변해있었다. 숲에는 열대 과일이 주렁주렁 자라고 있다. 내리막은 끝없이 이어졌다. 그래도 구름은 여전히 저 아래에 있다. 산 아래로 보이는 하얀 구름을 보며 한참을 달렸다. 발걸음이 가벼워지기 시작했다. 종착지를 5km 정도를 남겨 두었을 때 코스 디렉터 카를로스가 야광 깃발을 매달고 있었다. 후미 그룹이 밤에도 달릴 수 있도록 하기 위해서였다.

"거의 다 왔어. 힘내!"

카를로스의 응원을 받으며 새드릭과 결승선을 향해 달렸다. 날이 저물 무렵 긴 레이스를 끝냈다. 꼬박 8시간을 달렸다. 혼자가 아니라 새드릭과 함께 달려서 좋았다. 먼 훗날에도 지금의 이 감정이 가슴 속에 남아있길 바라며, 우리는 포옹을 하며 서로를 격려했다.

롱데이 코스를 하루 만에 완주한 덕에 캠프에서 하루를 쉬었다. 몸이 훨씬 가벼워졌다. 마지막 레이스가 시작됐다. 강을 건너고 작은 마을 몇 개를 지났다. 대단원의 막이 얼마 남지 않았다. 지난 6일 동안의 레이스가 영화필름처럼 스쳐 지나갔다. 산악 지형이라 무척 힘들었다. 하지만 난 또 새로운 사람들을 만났고, 새로운 추억을 만들었다. 그리고 안데스의 신비로운 자연과 순수한 인디오를 만났다. 나는 일주일의 기억을 하나하나 가슴에 새기며 달렸다.

생각해보면 인생 자체가 긴 레이스다. 우리는 오늘도 결승선 없는 인생 레이스를 한다. 길을 잃지 않고, 다치지 않고, 포기도 없이 가야 한다. 멀고 낯선 적도의 나라, 나는 에콰도르에서 또 하나의 도전을 끝냈다. 도전, 희열, 다시 도전, 성취감…….
내 인생도 이러할 것이다.

'경쟁' 말고 '달리기 여행'

아르헨티나 파타고니아 레이스 250km

PATAGONIA RACE

트레일 러닝 대회는 나에게 도전이면서 경쟁이고 또 여행이다. 이름만 들어도 설레는 파타고니아. 적어도 이곳에선 경쟁을 버리고 더 깊이 나를 만나고 싶었다. 멋진 '달리기 여행'을 하고 싶었다.

로망의 파타고니아로

멀고 긴 여정이었다. 제주에서 서울, 서울에서 뉴욕, 뉴욕에서 부에노스아이레스까지 비행 기간만 24시간이 넘었다. 긴 시간이었지만 지루하지 않았다. 오랜만에 여유롭게 음악 듣고 영화를 봤다. 요 몇 년 동안 너무 정신없이 살았다. 나는 좀 쉬고 싶었다. 오직 나만을 위한 시간을 갖기 위해 파타고니아 레이스에 참가했다. 그동안 달리기는 '경주'였고, '도전'이었다. 나는 이번 레이스의 주제를 바꿨다. 여행. 나는 '경쟁'이 아니라 '달리기 여행'을 하고 싶었다. 부에노스아이레스에서 하루를 머문 뒤 국내선 비행기를 타고 2시간 넘게 날아가 대회 본부가 있는 산 카를로스 데 바릴로체San Carlos de Bariloche에 도착했다. 바릴로체는 안데스산맥 동쪽에 있는 휴양지이다. 마을 남쪽에 아름다운 나우엘아피호수가 있어서 '남아메리카의 스위스'라 불린다. 파타고니아Patagonia는 안데스산맥을 기준으로 서부의 칠레 파타고니아Patagonia Chilean와 동부의 아르헨티나 파타고니아Patagonia Argentina로 구분된다.
다음 날, 바릴로체 숙소에서 선수 등록과 장비 검사를 마쳤다. 곧장 3시간 정도 버스를 타고 대회가 열리는 가우쵸스 목장Gaucho's ranch으로 향했다. 이번 레이스엔 48개국에서 320여 명이 참여했다. 스테이지 레이스치고는 규모가 꽤 컸다. 파타고니아를 동경하는 사람이 그만큼 많다는 의미이리라.

익숙함과의 완벽한 이별

새벽 5시, 잠에서 깨어 보니 아직 밖은 깜깜하다. 날이 밝으면 첫 레이스가 시작된다. 일주일의 레이스는 일상과 '이별하는 시간'이다. 여기는 파타고니아 국립공원의 인적이 드문 고원지대다. 인터넷과 전화 연결이 되지 않는다. 일상의 음식과도 이별해야 한다. 편안하고 안락한 침대, 가족과 사회와도 잠시 안녕이다. 익숙한 것들과 이별하고 자연 속을 달리며 온전히 나에게 집중하고 싶다.
첫날은 41km를 달린다. 참가자 320명이 '새로운 세상'을 향해 여정을 시작했다.

일주일의 레이스는 일상과 '이별하는 시간'이다.
인터넷과 전화 연결이 되지 않는다. 일상의 음식과도 이별해야 한다.
익숙한 것들과 이별하고 자연 속을 달리며 온전히 나에게 집중하고 싶다.

힘차게 목장을 빠져나왔지만 체크포인트 2를 지나자 발걸음이 무거워진다. 오르막이라 더욱 힘들다.

매번 배낭을 더 가볍게 하리라 다짐하지만, 비상시를 대비해야 하므로 그게 말처럼 쉽지 않았다. 오늘도 무거운 배낭을 메고 '고통의 시간'을 견뎌야 한다. 후반으로 가자 이번엔 발목이 아프기 시작했다. 첫날 레이스는 예상보다 훨씬 힘들었다. 오후 2시가 다 되어 스테이지 1을 마무리했다. 스틱 커피를 마신 뒤 풀밭에 누워 무심히 파란 하늘을 바라보았다. 조금씩 피로가 풀리기 시작했다. 마지막 주자가 들어오고 얼마 지나지 않아 해가 지기 시작했다. 파타고니아는 고원 지대, 산악 지대, 빙하 지대 등 지형이 다양하다. 초반 레이스는 고원 지대에서 진행됐다. 낮엔 덥고, 밤엔 쌀쌀했다. 11월 말, 한국은 겨울의 초입이었고, 여기는 곧 여름이 다가오고 있었다.

스테이지 2는 32km이다. 어제보다 쉬운 레이스가 될 것 같다. 고원 지대의 작은 산과 언덕, 계곡 등을 달렸다. 가끔 목장을 만났다. 맨드라미를 닮은 꽃과 연두와 초록으로 물든 고원 풍경이 제주의 오름을 닮았다. 지금은 기차가 다니지 않는 오래된 철길도 달렸다. 처음 생각했던 것처럼 될 수 있으면 혼자 달렸다. 누구와도 경쟁하지 않고, 누구도 의식하지 않으면서 뛰고 싶으면 달렸고, 쉬고 싶으면 천천히 걸었다. 그리고 멈추고 싶으면 멈춰서 하늘을 보고, 풍경을 감상하고, 바람을 느꼈다. '낙오자'가 되지 않고, 너무 뒤처지지 않을 만큼 '달리기 여행'을 했다. 오늘은 어제보다 이른 시간에 캠프에 들어왔다.

넓은 목장에 텐트가 설치되어 있다. 캠프 옆으로 강이 흐르고 있었다. 안데스산맥의 만년설이 녹아 내려오는 물이다. 얼어버릴 만큼 강물이 차가웠으나 몸의 열기

192

를 풀어주기 위해 강으로 들어갔다. 30분 남짓 강물에서 놀다 침낭으로 들어가 잠을 청했다. 2시간 정도 잤을까? 바람 소리에 잠에서 깼다. 해는 아직 하늘 높게 떠 있다. 바람이 갈수록 세게 분다. 얼마나 세차게 부는지 밤에 몇 번이나 잠에서 깨어났다. 바람은 다음 날까지 멈추지 않았다.

코스에 문제가 생겼다

세 번째 날이 밝았다. 잠을 제대로 자지 못해 몸이 다시 무거워졌다. 오늘도 철길을 달리며 레이스가 시작됐다. 철길은 체크포인트 1까지 10km가 넘게 이어졌다. 철길을 지나고 강을 지나는 사이 풍경이 어제와 조금 달라졌다. 안데스산맥이 가까워지고 있다. 만년설이 녹아 흐르는 냇물이 자주 나타났다. CP2 중간부터 CP3까지 언덕이 길게 이어졌다. 몸이 너무 힘들다. 발목도 다시 아프다. 오늘따라 배도 더 고프다. 37km가 너무 길게 느껴졌다. 저 앞에 대회 깃발과 하얀 텐트가 보인다. 오늘도 캠프는 들꽃이 노랗게 핀 초원 위에 있다. 아름다운 초원을 보자 마음이 한결 편안해진다. 아픈 발목을 다스리려 발을 강물에 담갔다. 맥주 한 잔이 사무치게 그립다. 스테이지 4코스에 문제가 생겼다. 강물이 넘쳐 건널 수 없게 됐다. 만년설이 예상보다 더 많이 녹은 탓이다. 42km 코스가 30km로 줄었다. 발목이 부어오른 나에겐 좋은 소식이었다. 15km의 산악지대를 오른 후 다시 캠프로 돌아오는 것으로 코스가 변경됐다. 발목이 여전히 아팠지만 그래도 견딜 만했다. 레이스가 끝난 후 버스를 타고 다섯 번째 캠프로 2시간가량 이동했다. 중간에 버스가 작은 휴게소에 멈췄다. 스태프와 자원봉사자들은 다른 버스로 먼저 이동했다. 몇몇 선수가 슈퍼로 들어갔다. 버스 창으로 캔 맥주를 마시는 선수들이 보였다. 내 마음도 심하게 흔들렸으나 결국엔 잘 참아냈다. 다른 대회에서도 이런 작은 소동이 종종 일어난다. 이런 풍경은 하나의 '추억'이라고 생각할 수 있지만, 서바이벌 레이스 규칙은 어긴 것이다. 대회 기간엔 배낭에 있는 음식만 먹어야 하기 때문이다.

오늘보다 더 나은 내일을 위해

어느새 레이스는 후반으로 접어들었다. 오늘은 가장 긴 72km를 달리는 롱데이다. 엊저녁부터 내린 비가 멈추지 않는다. 비옷을 챙겨 입고 출발선으로 향했다. 롱데이는 나우엘우아피 국립공원Nahuel Huapi National Park에서 진행됐다. 울창한 숲과 몇백 년은 홀로 서 있었을 것 같은 고목들이 인상적이다. 이번 코스 중 풍경이 가장 아름답다.

CP1과 CP2를 지나고 1,000m가 넘는 큰 산을 두 번 오르는 동안 일본의 히로아키 상과 함께 달렸다. 그는 몸집이 작았다. 그는 몸집을 다 가리는 큰 배낭을 메고 달렸다. 배낭 무게가 15kg은 되어 보였다. 그의 배낭엔 맛있는 음식으로 가득했다.

"히로 상! 가방이 너무 무겁게 보여. 음식을 좀 줄여야 할 것 같아!"

이미 여러 번 얘기했지만 히로 상의 가방 크기는 별로 줄어들지 않았다. 배낭의 무게만큼 레이스는 더 힘들다. 우리의 삶도 마찬가지이다. 나도 마음속 욕심을 더 비워야 한다. 인생은 울트라 트레일보다 몇십 배는 더 긴 레이스이다.

CP3를 지나면서 코스의 난도가 조금 쉬워졌다. CP4부터 플라야 네그라Playa negra 호수를 따라 레이스가 진행됐다. 빙하가 녹아 커다란 호수가 되었다. 아침부터 내린 비는 오후 늦은 시간이 돼서야 멈췄다. 구름이 걷히자 파란 하늘 사이로 태양이 밝게 비치기 시작했다. 멀리 안데스산맥 만년설이 보인다. 레이스는 힘들지만 풍경이 아름다워 지루할 틈이 없다. 아침 8시에 출발해 긴 시간을 달렸다. CP6을 지나 결승선이 가까워질수록 발목 통증이 심해졌다. '이 고통도 조금만 참으면 끝'이라며 스스로 위로했다. CP7을 지나면서부터 심하게 배가 고팠다. 다른 선수들보다 음식을 적게 가지고 와서 늘 배가 고팠다. 배고픔을 참고 견뎌내는 것도 레이스에선 무척 중요하다. 음식이 많으면 몸이 힘들다는 걸 많은 대회에 출전하면서 경험으로 알았다. 롱데이가 막바지다. 붉게 물들어가는 태양이 응원을 보내준다. 노을이 최고조에 이르렀을 무렵 결승선을 통과했다.

금세 잠이 들 것 같았지만 날씨가 너무 추워 잠을 잘 수 없었다. 거센 바람이 불고 눈까지 내렸다. 몇 번 뒤척이다 새벽 4시에 텐트에서 나와 모닥불로 향했다. 후미

그룹 선수들이 속속 결승선으로 들어오고 있었다. 날이 밝아올 때까지 모닥불 앞에 앉아 있었다. 눈이 내리고 있었지만, 모닥불은 몸을 녹일 수 있을 만큼의 온기가 있었다. 날이 밝고 난 후 마지막 주자가 들어왔다.
마지막 7km 레이스를 위해 새벽 3시에 일어났다. 대회를 마친 후 호텔로 이동하는 시간을 고려해 출발 시간을 앞당겼다. 새벽 4시 30분, 마지막 레이스가 시작됐다. 코스는 엘 트로나도르EL Tronador 공원의 검은 빙하Black Glacier로 향하고 있다. 바릴로체에서 유명한 관광지로, 빙하가 녹아 호수가 되었다. 파타고니아의 고원지대에서 출발한 레이스는 강을 건너고 산을 넘고 이렇게 만년설이 있는 커다란 호수 아래에서 끝이 났다. 나의 '달리기 여행'도 종착지에 도달했다.

멀고 낯설지만, 누구에게나 로망인 땅. 파타고니아 레이스는 더 나은 삶을 위해 나 자신을 찾아가는 여정이었다. 레이스는 나에게 일상에서 얻지 못하는 새롭고 소중한 경험을 안겨주었다. 나약한 나를 발견할 때마다 '나는 더 강해져야 한다.'라고 다짐하며 스스로 위로했다. 배가 고프고, 힘들고, '고행의 시간'의 연속이었지만 성취감은 크고 남달랐다. 일상의 편안함과 안락함은 그곳에 없었다. 하지만 나는 여기 파타고니아에서 충분히 행복했다.
파타고니아를 달리는 동안 나 자신과 많은 대화를 나누었다. 어제의 나에 대해서, 오늘의 나에 대해, 그리고 내일의 나에 대해서 깊이 생각했다. 파타고니아의 일주일은 일상의 삶에도 큰 영감을 줄 것 같다. 삶이 힘들다고 느낄 때, 외로움과 슬픔이 찾아올 때, 그럴 때마다 나는 파타고니아를 떠올릴 것이다. 파타고니아의 경험이 일상의 도전을 받아들이고 이겨내는 방법을 알려줄 것이다. 이 과정을 통해 나는 더 강해질 것이다.

특별한 인터뷰1

"나는 달리면서 나를 발견해"

재미교포 윤재상

자신을 소개한다면?

국적은 한국이지만 현재 미국 뉴저지에 살고 있어. 뉴욕 맨해튼에서 Art Management NYC LLC라는 회사를 운영하고 있고, 주로 예술 공연 기획과 자문하는 일을 해.

이번 레이스는 사막 마라톤처럼 Self-Support Race서바이벌 레이스**이고 힘든 경기야. 이런 레이스에 참가하는 이유가 궁금해**

나는 이런 레이스를 통해 나 자신을 돌아보고 내 안의 본성을 발견하기 위해 노력해. 레이스가 힘들고 거리가 멀수록 나의 동기가 더욱 빛을 발하는 것을 느껴.

대회가 끝난 후 당신이 얻은 것은 무엇인가?

대자연의 품에서 레이스를 할 수 있었다는 것에 감사의 마음을 가지고 있어. 그리고 한국 참가자들과 세계에서 온 여러 선수를 만나게 된 게 가장 큰 행운이라고 생각해. 그분들과 많은 이야기를 하며 즐겁고 소중한 시간을 보냈어. 다시 미국으로 돌아가서도 이 시간이 오래도록 기억에 남을 것 같아.

이런 레이스를 꿈꾸는 사람들에게 해주고 싶은 이야기가 있다면?

사람마다 참가 동기와 목적이 다를 거야. 하지만 목표는 같을 거로 생각해. '부상 없는 완주' 말이야. 목표를 이루고 싶다면 많이 훈련하고 철저하게 계획해서 참가하라고 권하고 싶어. 6박 7일 동안 오지 250Km를 달리는 건 절대 만만한 일이 아니었어. 하지만 꼼꼼하고 치밀하게 준비한다면 레이스를 재미있게 즐길 수 있으리라 확신해.

특별한 인터뷰2

"가장 큰 소득은 자신감이야"

영국의 신디

자신을 소개한다면?

나는 신디Cindy야. 나이는 서른세 살이고 케임브리지 근처에 살고 있어. 제약 업계에서 제품의 품질을 검사하는 일을 해. 걷기, 달리기, 자전거 타기를 좋아해.

이번 레이스에 참가하게 된 동기는?

이런 레이스를 통해 나의 한계에 도전하고 극복해가는 게 좋아. 이 대회는 그런 기준을 충족시켜주는 레이스야. 또 스테이지 레이스는 세계에서 온 친구들과 함께 달리고 친구가 될 수 있어서 좋아. 우리는 하나의 공동체라고 생각해. 하루에 끝나는 논스톱 대회와는 다른 특별한 레이스지.

이번 레이스에서 가장 기억에 남을 순간은?

72km를 달리는 롱데이였어. 체크포인트 2에 텐트 메이트 2명과 함께 도착했는데 먼저 도착한 친구가 우리를 응원하고 있었어. 많이 힘들고 지쳐 있었는데 나는 더 강해져야 한다고 다짐하면서 힘을 낼 수 있었어. 친구의 응원이 정말 고마웠고, 나는 다시 힘을 내고 용기를 내는 나 자신이 너무 자랑스러웠어.

레이스가 끝난 후 얻은 것은 무엇이라고 생각해?

롱데이가 끝난 후 나는 모든 것에 자신감이 생겼고 나 자신이 자랑스러웠지. 사람들은 매우 친절하게 대해주었어. 감사하게 생각해. 나는 새로운 곳을 찾고, 새로운 사람을 만나는 일에 두려워하지 말아야 한다는 것을 느꼈어.

스테이지 레이스 참가를 망설이는 사람에게 하고 싶은 얘기가 있다면?

꼭 도전하라! 우리는 일상에서 매우 바쁘게 살아가지. 하지만 인생에서 새로운 세상을 경험하는 것은 무척 중요하다고 생각해. 물론 그런 결정을 내리고 준비하는 게 쉽지 않지만 새로운 세상을 경험하면서 정말 많은 것을 느끼고 배울 수 있어. 큰 자신감도 얻을 수 있고.

Travel Tip

파타고니아 여행 정보

파타고니아는 세계에서 가장 유명한 빙하 중 하나인 페리토 모레노 빙하Perito Moreno Glacier와 세계 5대 미봉 중 한 곳인 피츠로이Fitzroy 트레킹이 유명하다. 모레노 빙하를 보려면 부에노스아이레스에서 엘 칼라파테El Calafate로 가야 한다. 비행기로 4시간이 걸린다. 엘 칼라파테에는 일본인 남편과 한국인 부인이 운영하는 후지 민박이 있다. 후지 민박에서 빙하 투어를 예약할 수 있다. 마을에서 차를 타고 1시간쯤 이동하면 모레노 빙하를 구경할 수 있다. 피츠로이를 보려면 엘 칼라파테에서 버스를 타고 북쪽으로 3시간 거리에 있는 엘 찰튼El Chalten으로 가야 한다. 후지 민박에서 엘 찰튼으로 가는 차량을 예약할 수 있다. 엘 찰튼에 머무르며 피츠로이와 그 옆에 있는 세로토레Cerro Torre 트레킹을 할 수 있다.

페리토 모레노 빙하

극지방을 제외하고 지구상에서 가장 아름다운 빙하로 꼽힌다.

피츠로이

해발 3,405m로 파타고니아 최고봉이자 세계 5대 미봉 중 한 곳이다. '연기를 뿜어내는 산'이라고 불릴 만큼 뾰족한 봉우리에 늘 구름이 걸쳐 있다. 산 정상에는 빙하가 있고 밑으로 아름다운 호수가 있다. 특히 아침 일출은 최고 장관이다.

세로토레

높이 3,128m로, 피츠로이산 바로 옆에 있다. 지구상에서 가장 오르기 어려운 봉우리 중 한 곳이다. 엘 찰튼 마을에 오전에 도착하면 전망대까지는 오후 트레킹이 가능하다.

사막 레이스와 천국 같은 휴식

나미브사막 마라톤 100km

NAMIB DESERT

붉은 색채의 압도적인 미학, 유네스코 세계자연유산, 지구에서 가장 오래된 사막, 파도와 바람이 만든 놀라운 경관……. 나미브사막을 꾸며 주는 수사는 이렇듯 화려하다. 이 멋진 곳에서 사막 마라톤 대회가 열린다.

낮엔 사막 마라톤, 밤엔 호텔에서 휴식을

나미브사막은 아프리카 서남쪽 대서양 연안에 있다. 동서 길이는 약 150km, 남북 길이는 무려 1,900km이다. 나미비아 북쪽 앙골라에서 시작해 나미비아, 남아프리카공화국까지 길게 이어진다. 넓이는 남한 면적과 비슷하다. 수천, 수만 년 동안 대서양의 파도가 모래를 실어 오면 바다에서 불어오는 바람이 이 모래를 사뿐사뿐 다시 육지로 옮겨놓았다. 나미브사막은 그러므로, 자연과 시간이 만든 거대한 대지 예술이다.

나미브사막 마라톤은 나미비아에서 진행된다. 이 대회는 다른 사막 마라톤과 많은 차이가 있다. 우선 나미브사막 마라톤 100km는 양극단을 체험할 수 있는 레이스이다. 무슨 말인가 하면 낮에는 사막을 달리고, 밤엔 호텔에서 잠을 잔다. 다른 사막 마라톤이 텐트에서 잠을 자는 것과 큰 차이다. 당연히 음식과 휴식 조건에서도 큰 차이가 난다.

두 번째 특징은 4일간 이어지는 스테이지 레이스이지만 하루에 평균 25km를 달리는 까닭에 비교적 체력 소모가 적다는 점이다. 체계적으로 준비를 하면 전문적인 선수가 아니더라도 중도 탈락과 완주에 대한 부담을 덜고 참가할 수 있어서 좋다.

세 번째 특징은 나미브사막 중에서도 풍경이 아름다운 너클럽트Naukluft 자연공원에서 열린다는 점이다. 4일간 레이스를 하며 사막의 석양, 세스림Sesriem 협곡, 사막의 일출, 세상에서 가장 아름다운 모래언덕을 모두 구경할 수 있다.

나미브사막 마라톤은 50~100명이 참가하는 소규모 대회이다. 하지만 차별점 또는 장점은 명확하다. 열대의 사막 레이스와 천국의 휴식을 동시에 체험할 수 있는, 체력 소모를 줄이며 최고의 사막 풍경을 감상할 수 있는, 조금 특별한 마라톤 대회이다. 나미브사막 마라톤 100km는 매년 12월에 열린다.

15

3
2

특별한 인터뷰

“최고의 사막에서 마법 같은 레이스를 체험하세요”

코스 디렉터 카를로스

나미비아사막 마라톤을 만든 특별한 배경이 있나요?

약 15년 전부터 이탈리아의 아드리아노 지토Adriano Zito, Zitoway Sport & Adventure의 대표의 꿈이었습니다. 그는 나미비아의 소서스블레이Sossusvlei를 여행하다가 영감을 얻어 환상적인 사막 마라톤을 기획했습니다. 그 다음 해에 마라톤 대회를 창설했고, 지금까지 14년 동안 이어오고 있습니다. 이 대회는 세계에서 가장 큰 모래언덕에서 열리는 사막 레이스입니다.

나미브사막은 대회를 진행하기에 특별한 장소인가요?

우리는 언제나 최고의 장소를 찾고 있으며 나미브사막과 나미비아는 ‘마법의 장소’라고 생각합니다.

나미브사막 레이스에 관해 소개해주세요.

세계 여러 대회가 어렵고 힘든 코스를 지향합니다. 하지만 우리는 안락함과 모험의 완벽한 조화로 차별화된 대회를 만들기로 했습니다. 나미브사막 한가운데엔 아주 비밀스러운 호텔이 있습니다. 매우 훌륭한 숙소이죠. 나미브사막 레이스는 큰 대회는 아니지만, 만약 이 대회를 선택한다면 당신은 운이 좋은 사람입니다. 다른 곳에서 할 수 없는 특별한 경험과 이탈리아의 환대를 즐겨 보세요

코스의 장점을 설명해주세요.

나미브사막 마라톤의 코스 길이는 100km입니다. 4개 스테이지를 4일간 달립니다. 매일 바뀌는 사막 지형에서 극한의 마라톤 대회와 소서스블레이 롯지Sossusvlei Lodge 호텔에서 머무는 천국의 생활을 동시에 경험할 수 있습니다. 대회가 열리는 나미브 너클럽트Namib Naukluft는 세계에서 가장 높은 붉은 모래언덕으로 둘러싸인 자연공원입니다. 300m가 넘는 모래 산은 무척 신비롭죠. 또 레이스 도중 오릭스, 타조, 버펄로, 스프링복, 가끔은 하이에나도 볼 수 있습니다.

각 스테이지는 지형이 완벽하게 다릅니다. 첫날은 노을이 아름다운 작은 계곡을 지나고, 석양에 붉게 물든 바위 위를 달립니다. 두 번째 날엔 세스림Sesriem 협곡이 참가자들을 기다리고 있습니다. 세 번째 날은 영양 무리가 지나가는 풍경을 구경할 수 있습니다. 마지막 날은 유명한 Dune 45라는 모래언덕

아래에서 아름다운 일출을 보며 출발합니다. 그리고 모래언덕을 따라 Crazy Dune으로 올라갑니다. 당신은 세계에서 가장 높은 모래언덕에 서 있을 것입니다. 현기증이 날만큼 큰 모래언덕을 내려오면 알 데드 블레이Al Dead Vlei에 도착합니다, 이곳은 붉은 모래언덕으로 둘러싸여 있으며 오래전 고목이 된 검은 나무를 만나게 됩니다. 결승점에 도착하면 참가자들은 마치 꿈에서 깨어난 듯한 느낌을 받으며 아카시아 숲의 그늘에 앉아 동료 선수들과 서로를 격려하며 친교를 나누게 됩니다. 점프하고, 울고, 비명을 지르고 때로는 기도를 올리며 하늘을 바라보는 참가자들도 있습니다. 그러나 가장 특별한 것은 바로 당신이 꿈을 이루었다는 것입니다.

나미브사막 레이스를 참가하려는 사람들에게 하고 싶은 이야기가 있나요?

나미비아의 풍경은 당신을 가만히 있게 내버려 두지 않습니다. 영양이 반겨주는 사막을 지나 모래언덕 뒤에 숨어있는 태양까지 달리고 싶은 마음이 들지도 모릅니다. 나미브사막 100km 레이스는 비록 걸어서 완주하더라도, 당신에게 평생 잊지 못할 마법 같은 추억을 선물해줄 겁니다. 뜨거운 태양과 수백만 개 별빛 아래에서 우주의 모든 기운을 느낄 수 있습니다. 잊을 수 없는 추억이 당신을 기다리고 있습니다.

나미브 레이스 250km

또 하나의 나미브사막 레이스

나미브사막의 스와코프문트 지역에서 열리는 사막 마라톤 대회이다. 7일 동안 극한의 레이스와 놀랍고 신비로운 사막 풍경을 아울러 경험할 수 있다. 대회 본부가 있는 스와코프문트는 빈트후크에서 서쪽으로 약 500㎞ 떨어져 있다. 대회는 매년 4월 말에 열리며, 6박 7일간 250km를 달린다. 대회 참가자는 150여 명이나 매년 조금씩 늘고 있다.

나미브 레이스 250km는 넓게 펼쳐진 붉은 평원, 거대한 모래언덕, 대서양의 파도, 매혹적인 식물과 동물 등 놀라운 사막 풍경으로 참가자를 안내한다. 다른 사막 마라톤 대회와 마찬가지로 일주일 동안 자신이 먹을 음식과 장비를 메고 6개 스테이지를 완주한다. 주최 측은 물과 텐트, 의료 지원을 해준다. 출발 전날 참가자가 머무는 스와코프문트 호텔에서 일주일 치 음식과 장비를 검사한다. 의료진이 음식의 열량까지 꼼꼼하게 점검한다. 준비해야 할 필수 장비는 나침반, 침낭, 헤드 랜턴, 후미등, 물집 제거 키트, 손 세정제, 상의 4벌, 하의 2벌, 서바이벌 블랭킷, 방수가방 등 20여 가지가 넘는다. 대회 기간과 코스 등은 바뀔 수 있으므로 홈페이지를 참고하자.

www.racingtheplanet.com

홍콩을 품고 달린다

트랜스 란타우 103km

TRANS LANTAU

트랜스 란타우는 트랜스 아시아 시리즈 중 하나로, 홍콩의 란타우섬에서 매년 2월 말~3월 초에 열린다. 2,000명이 넘는 선수들이 참가하는 큰 대회로, 103km, 50km, 25km 코스로 구성되어 있다.

UP LIGHT
LUPINE

트랜스 아시아 시리즈 중 하나이다

트랜스 란타우는 매년 2월 말~3월 초 홍콩 본토 옆에 있는 섬인 란타우에서 열린다. 홍콩은 트레일 러닝의 아시아 성지라고 해도 부족하지 않다. 매주 트레일 러닝 대회가 열린다고 할 만큼, 트레일 러닝이 인기 스포츠로 자리 잡았다. 트랜스 란타우는 트레일 러닝의 도시에서 열리는 대회 중에서 꽤 규모가 큰 대회이다. 매년 2,000명이 넘는 선수들이 참가한다. 코스의 난이도, 날씨, 접근성 등 여러 사정을 고려했을 때, 한국 선수들이 참가하기 매우 좋은 대회이다. 코스는 103km, 50km, 25km 등 세 개로 구성되어 있다.

트랜스 란타우는 트랜스 아시아 시리즈로 운영되고 있다. 트랜스 아시아는 아시아의 여러 국가, 지역에서 열리는 대표 트레일 러닝대회를 통합하여 부르는 시리즈 이름이다. 트랜스 아시아 시리즈는 2018년에 출범하였다. 대한민국 제주에서 열리는 트랜스 제주를 비롯하여 홍콩의 트랜스 란타우와 트랜스 NT, 싱가포르의 트랜스 싱가포르, 말레이시아의 트랜스 말레이시아 등으로 구성되어 있다. 트랜스 싱가포르와 트랜스 말레이시아는 2020년 새롭게 합류했다. 트랜스 아시아는 국가별로 대회를 늘려가고 있으며, 향후 최고의 아시아 시리즈를 목표로 하고 있다. 트랜스 아시아 시리즈는 아시아의 다양한 자연과 문화를 경험할 멋진 기회가 될 것이다.

Race Tip 트랜스 아시아 시리즈

트랜스 아시아 시리즈는 대한민국 제주도에서 열리는 트랜스 제주를 비롯하여 홍콩의 트랜스 란타우와 트랜스 NT, 싱가포르의 트랜스 싱가포르, 말레이시아의 트랜스 말레이시아로 구성되어 있다. 트랜스 아시아 시리즈의 대회 개요는 다음과 같다. 트랜스 제주는 UTWT(울트라 트레일 월드 투어)의 28개 공식 레이스 중 하나이기도 하다.

트랜스 제주 대회일 2020년 10월 10일 코스 거리 112km, 50km, 10km
누적 상승 고도 4,800m+, 2,300m+, 300m+ *UTWT 공식 레이스

트랜스 란타우 대회일 2021년 3월 코스 거리 103km, 50km, 25km
누적 상승 고도 5,800m+, 2,700m+, 900m+

트랜스 NT 대회일 2021년 예정 코스 거리 52km 누적 상승 고도 3000m+

트랜스 싱가포르 대회일 2021년 예정 코스 거리 50km, 25km, 15km

트랜스 말레이시아 대회일 2021년 예정 코스 거리 50km

홈페이지 https://www.transasiaseries.com

세계자연유산 돌로미티산맥을 달린다

이탈리아 라바레도 울트라 트레일 120km

LAVAREDO TRAIL

라바레도 울트라 트레일은 이탈리아에서 열리는 대표적인 울트라 트레일 러닝 대회이다. 라바레도 울트라 트레일의 가장 큰 매력은 세계자연유산인 돌로미티산맥을 달린다는 점이다. 가파른 수직 봉우리가 환상적인 산악 풍경을 연출한다.

경관이 이보다 더 아름다울 수 없다

라바레도 울트라 트레일Lavaredo Ultra Trail은 이탈리아 북부의 산악 도시 코르티나 담페초에서 매년 6월 말쯤 열린다. 코르티나 담페초Cortina d'Ampezzo는 이탈리아 북부의 베네토주의 대표적인 휴양 도시이자 겨울 스포츠의 성지이다. 1956년 동계 올림픽이 열렸으며, 2026년 동계 올림픽의 개최 예정지이다.

라바레도 울트라 트레일의 가장 큰 매력은 2009년 세계자연유산으로 선정된 돌로미티산맥을 달린다는 점이다. 돌로미티산맥은 알프스산맥의 일부로, 해발 3,000m가 넘는 봉우리가 18개나 된다. 가파른 수직 절벽과 폭이 좁고 깊은 계곡이 길게 형성된 돌로미티산맥은 환상적인 산악 풍경을 연출한다. 여러 종류의 뾰족한 봉우리가 수평적인 고원 지대와 절묘한 조화를 이루고 있다. 수직의 봉우리와 수평의 고원이 산맥을 더 돋보이게 한다.

돌로미티산맥은 트레일 러닝뿐 아니라, 하이킹, 스키를 즐기기에 최적의 장소로 꼽힌다. 대회에 참가하여, 돌로미티의 상징인 '트레치메 디 라바레도'를 꼭 두 눈으로 확인하길 바란다. 라바레도 울트라 트레일은 난이도거리 및 누적 상승고도에 따라 4개의 코스로 구성되어 있다. 이중 LUT 코스120km, 누적 상승 고도 5,800m가 가장 상징적이며, 이 코스를 그대로 대회명으로 부른다.

라바레도 울트라 트레일 개요

① **LUT** Lavaredo Ultra Trail 거리 120km 누적 상승고도 5,800m 제한 시간 30시간 참가자 1,800명 출발지 코르티나 담페초 평균 완주시간 23시간 최고 고도 2,450m 최저 고도 1,210m ITRA 포인트 5점

② **UD** Ultra Dolomites 거리 80km 누적 상승고도 4,100m 제한 시간 12시간 참가자 1,000명 출발지 코르티나 담페초 평균 완주시간 14시간 최고 고도 2,450m 최저 고도 1,210m ITRA 포인트 4점

③ **CT** Cortina Trail 거리 48km 누적 상승고도 2,600m 제한 시간 12시간 참가자 1,700명 출발지 코르티나 담페초 평균 완주시간 8시간 30분 최고 고도 2,420m 최저 고도 1,210m ITRA 포인트 3점

④ **CS** Cortina Skyrace 거리 20km 누적 상승고도 1,000m 제한 시간 4시간

SPORTIVA

특별한 인터뷰

“세계에서 가장 아름다운 트레일 대회로 초대합니다”

레이스 디렉터 크리스티나

자기소개 부탁합니다.

안녕하세요. 라바레도 울트라 트레일의 레이스 디렉터 크리스티나Cristina Murgia입니다. 저는 이탈리아 티레니아해Tyrrenian sea의 아름다운 섬 사르디니아Sardinia에서 태어났습니다. 알프스의 돌로미티 산과 사랑에 빠지게 되어 라바레도 울트라 트레일의 레이스 디렉터로 활동하게 되었습니다.

©AlexisBerg

©AlexisBerg

©AlexisBerg

라바레도 울트라 트레일을 진행하게 된 동기나 특별한 이유는 무엇인가요?

내 남편인 시몬Simone은 코르티나담페초Cortina d'Ampezzo와 가까운 돌로미티 지역에 살았습니다. 그는 돌로미티 지역을 누구보다 잘 알고 있습니다. 그는 사람들이 트레일 러닝을 하면서 이곳을 감상하면 좋겠다고 생각했습니다. 첫 대회는 2007년 46km 코스로 시작됐으며 참가자는 250명이었습니다. 2013년 새로운 코스를 개발했고 참가자도 계속 늘어났습니다. 현재 라바레도 울트라 트레일은 120km, 80km, 48km, 20km 코스로 진행하고 있으며, 세계 60개 나라에서 5,000명 이상이 참가합니다. 그리고 700명이 넘는 자원봉사자와 정부의 지원, 지역 사람들의 적극적인 협조로 대회가 더욱 빛나고 있습니다.

라바레도 울트라 트레일에 참가하고 싶은 사람들에게 하고 싶은 얘기가 있다면?

라바레도 울트라 트레일은 세계에서 가장 아름다운 트레일 코스 중 한 곳을 달리게 됩니다. 당신이 달리면서 볼 수 있는 크리스탈로, 토파네, 트레시메 디 라바레도, 친퀘 토리의 풍경은 우리가 왜 여기서 대회를 진행하는지 알 수 있게 해줄 것입니다. 그리고 2009년에 돌로미티는 세계자연유산으로 선정되었는데, 특히 당신이 레이스 중에 볼 수 있는, 해가 떠오르면서 빛에 물든 돌로미티의 풍경은 그 색이 너무 아름다워서 한순간도 눈을 뗄 수 없습니다. 대회가 열리는 6월 말 당신은 전 세계의 참가자와 만날 수 있고, 활기가 넘치는 마을을 구경할 수 있습니다. 아름다운 계곡을 따라 달리거나 걸을 수 있으며, 이탈리아의 특별한 음식들도 즐길 수 있습니다.

코르티나담페초에서 가장 가까운 공항은 베네치아에 있습니다. 자동차로 약 2시간 거리입니다. 참가자들은 대회 전후 베네치아를 여행할 수 있습니다. 정말 특별한 여행이 될 것입니다. 이 모든 걸 느끼고 경험하고 싶다면 라바레도 울트라 트레일 레이스에 참가하세요.

페루의
사하라를 달린다

이카사막 마라톤 120km

HMDS PERU

이카사막 마라톤 120km는 남태평양과 마주한 매혹적인 사막에서 열린다. 대회 공식 이름은 'Half Marathon Des Sables Peru'이다. 사막 마라톤 거리의 약 50%인 120km를 달린다고 해서 이렇게 이름 지었다.

사막과 남태평양을 그대 품 안에

마추픽추, 잉카문명, 안데스산맥, 불가사의한 거대한 나스카 지상화……. 남미의 페루를 꾸며주는 상징들이다. 여기에 하나를 더 보태야 한다면 그곳은 단언컨대 이카 사막이 되어야 한다. 페루에 사막이 있다고? 그렇다. 게다가 사막이 남태평양과 마주하고 있으며, 더없이 크고 매혹적이다. 이카사막의 와카치나Huacachina는 세상의 모든 오아시스 중에서도 손에 꼽힌다. 모래언덕 저 아래에 숨바꼭질하듯 숨은 오아시스는 아름답다 못해 신비롭기까지 하다.

이카사막 마라톤 120km가 이 아름다운 사막에서 열린다. 대회 공식 이름은 'Half Marathon Des Sables Peru'HMDS Peru이다. 세계에서 가장 규모가 큰 MDSMarathon des Sables 대회의 자매 대회이다. 사막 마라톤 코스 길이는 120km이며, 세 스테이지30km, 65km, 25km로 나누어서 진행한다. 일반 사막 마라톤처럼 서바이벌 레이스이지만 제한 시간이 충분해 걸어서 완주할 수 있다. 사막 여행이나 트레킹에 관심이 있는 초보자도 참여할 수 있다. 대회가 진행되는 동안 개인별로 1인용 텐트를 제공해준다.

대회 종료 후엔 참가자 대부분이 안데스산맥의 고대 잉카 도시 마추픽추를 여행한다. 개인적으로 여행할 수도 있으나, 대회 주최 측에 신청해 여행사를 통해 가기도 한다.

Race Tip 사막 마라톤 필수 장비

- 20L 러닝 배낭
- 1.5ℓ 리터의 물(물병, 물주머니 등)
- 침낭
- 헤드 랜턴 1개 + 예비 배터리 1개
- 옷핀 10개
- 라이터
- 호루라기
- 맥가이버칼
- 선크림
- 소독용 알코올 젤
- 작은 거울(신호용)
- 서바이벌 블랑캣
- 비상금 100유로
- 여권
- WAA에서 제공한 의료 증명서 원본 (의사가 정식으로 작성하여 서명한 것)

특별한 인터뷰

"고통을 경험하는 것, 가장 나쁘면서 가장 좋은 일이죠"

Vicki Zhu

자신을 소개한다면?

저는 중국에서 태어났고 현재는 싱가포르에 사는 Vicki입니다.

당신은 로드러닝과 트레일 러닝 중 어느 것을 더 좋아합니까? 그리고 이유는 무엇인가요?

트레일 러닝을 더 즐깁니다. 바쁜 도시 생활을 떠나 산에서 하는 트레일러닝은 마음을 자유롭게 해줍니다. 아주 특별한 순간이죠. 나는 자연의 광활함과 그곳에서 느끼는 평화로움을 좋아합니다.

HMDS에 참여한 동기는 무엇인가요?

친구로부터 HMDS 대회 정보를 얻었습니다. 음식과 장비를 배낭에 메고 사막을 달리는 경험은 없었습니다. 하지만 나는 경험해보지 못한 새로운 도전을 좋아합니다. 처음에는 망설이기는 했지만, 매우 특별한 경험이 될 것으로 생각해 도전하게 되었습니다.

HMDS 레이스에서 기억에 남는 특별한 순간은 무엇인가요?

울트라 트레일 러닝 대회에 참가하면서 가장 나쁘면서 가장 좋은 것은 '고통'을 경험하는 것입니다. 대회 첫째 날에 이미 발가락에 물집 두 개가 생겼으며, 다음 날 롱데이 레이스에선 고통과 더위에 맞서 싸워야 했습니다. 그러나 레이스 중반에 안Ahn, 당신을 만나 함께 달렸기 때문에 힘든 고통을 이겨낼 수 있었습니다. 나 스스로 더 강해졌으며 안전하고 편하게 레이스를 하게 되었습니다. 같이 레이스를 해준 것에 대해 깊은 감사의 마음을 전하고 싶습니다. 롱데이가 끝난 후 무릎 통증이 매우 심해졌습니다. 마지막 날까지 나아지지 않아 고통을 겪었지만 참고 레이스를 끝낼 수 있어서 매우 행복했습니다.

당신이 지금까지 참가한 레이스 중에서 어느 대회가 가장 기억에 남나요?

HK100 레이스가 가장 기억에 남습니다. 완주의 꿈을 이루기 위해 지난 4년간 네 번 모두 참가했습니다. 2017년에 처음 참가했습니다. 60km 지점에서 발목을 심하게 다쳤지만 나는 포기하지 않았습니다. 20시간 안에 완주했습니다. 2018년에는 레이스 전에 부상을 입어 55km 후에는 잘 달리지 못했습니다. 그러나 다시 20시간 안에 완주했습니다. 2019년에도 참가했습니다. 잘 준비했다고 생각했지만, 거리가 105km로 늘어났고 코스도 더 어렵게 바뀌었습니다. 친구와 함께 천천히 같이 레이스를 완주했습니다. 2020년 1월, '코로나19'가 세계로 확산되기 전 다시 홍콩에 갔고 마침내 최고 기록으로 완주했습니다. 같은 대회를 네 번 참가하면서 매번 새로운 경험을 했습니다. 나에게는 가장 기억에 남는 대회입니다.

당신이 달리는 이유는 무엇인가요?

아주 어렸을 때부터 스포츠를 좋아했으며 그 습관을 지금까지 유지하고 있습니다. 차이점은 그때는 학교에서 단거리 주자였으며, 이제는 울트라 트레일 러닝을 즐깁니다. 광활한 자연 속에서 새로운 도전을 한다는 것은 매우 긴장되면서도 설레며, 이것은 일상에서 경험할 수 없는 매우 특별한 순간입니다.

STAGE 5

제주국제트레일러닝 대회 체험기

글 장보영(러너스월드코리아 기자, <아무튼, 산> 저자)
사진 유희선 작가

사랑이 올 때까지 나는 달린다

제주국제트레일러닝 대회 체험기 1

이것은 마라톤이 아니다. 매끈히 포장된 도로를 의도적으로 외면하고 배반한다. 3일간 100km를 달리며 선수들은 숙소 안팎에서 우정과 연대감을 쌓는다. 이것은 하루에 끝나는 풀코스 마라톤에선 경험할 수 없는 완주나 기록 그 이상의 선물이다.

This is Trail Running

몇 년 전 여름, 나는 지글대는 태양 아래에서 네팔 안나푸르나 어라운드를 걷고 있었다. 오후 2시, 해발 2,000m의 사과 향 짙던 어느 마을의 동구에 들어섰다. 길 반대편에서 족히 30ℓ쯤 되는 배낭을 메고 나를 향해 질주하던 유로피안 남녀와 마주쳤다. 그 뒤로 서너 사람이 더 달려왔다.

"Trail Running!"

대체 지금 무슨 일이 벌어진 거냐고 묻자 그들은 거친 숨 사이로 한마디 말만 허겁지겁 내뱉은 후 분초를 다퉈 사라졌다.

이것은 마라톤이 아니다. 매끈히 포장된 도로를 질주하는 마라톤을 의도적으로 외면하고 배반한다. 산과 언덕, 해변과 너덜경, 초원과 들판 등 순전한 자연을 걷고 달린다. 미국, 유럽, 일본 등에서는 이미 마라톤의 아성을 넘은 아웃도어 스포츠로 자리 잡았다. 북미와 남미, 히말라야와 아프리카 등지를 누군가는 지금, 이 순간에도 달리고 있다.

제주국제트레일러닝대회의 안병식 레이스 디렉터와 처음 만난 것은 작년 5월이었다. 세계의 길 위에서 보낸 10년의 기억을 <나는 달린다>라는 책으로 묶어 사무실로 찾아왔다.

"제가 달려온 지구에서의 시간을 여러 사람과 나누고 싶습니다."

더불어 5개월 뒤 제주에서 대대적으로 치를 트레일러닝대회를 알리고 싶어 했다. 전국 곳곳에서 연간 수십 차례 마라톤 대회가 열리지만 '국제트레일러닝'이라는 이름을 버젓이 내건 대회는 처음이었다. 그해 10월, 그는 국내 최초로 제주 100km를 국적이 다른 이들과 종횡무진하는 달리기 행사를 성공적으로 치렀고 올해 두 번째 대회도 성황리에 마쳤다. 그것은 그가 10년을 바란 꿈이기도 했다. 언젠가 때가 되면 세계의 오지에서 만났던 친구들을 자신의 고향 제주에 초대해 함께 달리고 싶다는 꿈을, 그는 이뤘다.

유네스코에서 인정하는 세계자연유산인 제주는 한라산과 해변은 물론 중산간의 오름과 목장 등 천연의 산야를 품고 있다. 트레일러닝을 즐기기 위한 최적의 공간이다.
“딱딱한 아스팔트 위의 단일한 길로만 달리는 마라톤보다는 자연에 온전히 동화돼 달리는 트레일러닝이 인간 본성상 훨씬 자연스럽고 자유롭지요.”
참가선수 안규섭 씨의 말이다.

영원한 젊음과 꿈을 향한 고군분투

제주국제트레일러닝대회는 제주도 일원을 무대로 3일에 걸쳐 열렸다. 대회 전날은 표선면 가시리의 유채꽃박물관에 집결한 130여 선수들은 2박 3일간 먹고 잘 숙소를 배정받은 후 경기에 관한 설명을 들었다. 그다음 날은 한라산 관음사~성판악 20km, 이튿날엔 표선해수욕장~섭지코지~성산 일출봉 40km, 그리고 마지막 3일째는 따라비오름~사슴이오름 40km를 각각 7시간 안에 완주하는 식이다.
매일 새벽 5시에 일어나 7시에 아침 식사를 하고 오전 8시부터 오후 3시까지 시종 걷고 달렸다. 대회 마지막 날에는 5km 오름 트레킹과 10km 트레일 러닝을 동시에 치렀다. 내 안의 고요를 소요逍遙하는 사람들과 스치며 문득 ‘행복에도 맛이 있다면 이럴 거야’라고 생각했다.
100명을 웃도는 인파였어도 오며 가며 만나는 건강한 얼굴들을 기억하는 일은 어렵지 않았다. 그중 눈에 띄는 이들이 몇 있기 마련인데 첫째 ‘잘 달리는 사람’, 둘째 ‘외국 사람’이다. 제주에 오기 전 오스트레일리아 대회에서 100km를 완주한 신순철 씨에게 평소 훈련 방법과 생활방식에 관해 물었다.
“사이클과 수영을 번갈아 하고 일주일에 반은 웨이트트레이닝으로 근력을 기릅니다. 아이언맨Ironman 경기나 100km 달리기를 앞두고는 6개월 전부터 하루 3시간씩 훈련하고요. 무엇보다 명상과 108배로 매일 아침을 엽니다.”
프랑스 국적의 남녀를 숙소에서 처음 만났을 때는 부부인 줄 알았다. 한데 오누이

란다. 오빠 데마르 로만 씨와 여동생 데마르 폴린 씨. 광화문의 프랑스계 은행에서 일한 지 두 달 됐다는 로만, 이미 홍콩에서 울트라 마라톤을 완주한 전적이 있다. 아시아의 자연이 좋아 프랑스에 사는 여동생까지 제주에 초대했다.
호기심은 곧 모녀 참가선수를 향했다. 부산에 사는 엄마 이종이 씨와 서울에 사는 딸 최수진 씨. 두 사람이 손을 붙잡고 결승선에 닿는 모습은 고되고 지친 선수들의 마음에 힘과 위로가 됐다. 모녀는 이번 대회를 통해 서로를 향한 사랑과 더불어 달리기에 대한 자신감과 열정을 덤으로 얻었다.
대회의 꽃 '여전사'들의 저력을 빠뜨릴 수 없다. 세 번의 스테이지 내내 여성 1위를 독점한 배미경 씨. 그녀는 지금처럼 잘 달릴 수 있게 된 요인을 '등산'에서 찾았다. 달리기를 시작하기 전에는 주로 국내의 이 산 저 산에 올랐는데, 산에서 걷고 뛰던 시간이 체력을 강하게 해줬음은 물론 지구력과 정신력을 다지는 데 많은 도움이 됐다고. 작은 고추가 맵다.

먹고 잠자고 응원하고 같이 달리고

얼굴도 모르고 하루 만에 끝나는 풀코스 마라톤과는 달리 3일간 100km를 나눠 달려야 하기에 참가선수들이 숙소 안팎에서 쌓는 우정은 완주나 기록 이상의 선물이다. 몽골식 텐트 한 동에 둘러앉아 '운도빠가'運動バカ·운동 바보라고 놀리면서 속으로는 서로의 무릎관절과 고관절을 걱정하는 눈물겨운 우정 같은 것. 게르 4동에서 만난 이희찬 씨, 이시다 다카히로 씨, 김경덕 씨, 이상무 씨, 김용기 씨, 유원기 씨는 도무지 시장가치와는 무관한 달리기라는 행위에 푹 빠져 사는 듯했다. 달리는 이유는 저마다 달랐다. 생애 첫 100km 도전을 통해 자신의 한계와 만나기 위해, 숙원인 트라이애슬론의 완성을 위해, 나처럼 달리는 너를 만나 외롭지 않기 위해, 그리고 자신이라는 물음에 답하기 위해 그들은 달렸다. 세상에서는 받지 못했던 진실한 이해에, 이루지 못했던 자신과의 해우에 감화해 또 다른 길 위에서 만날 것을 기약했다.

현장은 20대 젊은이들의 혈기로 충만했다. 울산에서 온 최창욱 씨와 서울에서 온 황용 씨는 졸업을 앞둔 취업 준비생이다. 그들은 고충을 나누며 서로의 질주와 앞날을 응원했다.

"흔히 달리기에 비유하는 인생의 의미를 이제 조금 알 것도 같아요."

최창욱 씨의 고백에 공감하는 황용 씨가 공감한다.

"잠깐이었지만 달리면서 영원을 맛봤어요. 삶이라는 게임에 오래 임하기 위해서라도 열심히 달리겠습니다."

길에서, 아무도 없는 풀숲에서, 진창에서, 태양 밑에서, 그늘에서 혼자 달릴 때 우리는 간신히 우리 안의 어떤 존재와 만난다. 지금, 이 순간의 '반대'가 무어냐는 물음 앞에서 세상은 과거나 미래라고 답하겠지만 달리는 우리는 이렇게 답할 것이다.

"지금, 이 순간의 반대는 지금, 이 순간을 느끼지 못하는 것이다."

얼굴로 불어오는 바람과 등을 떠미는 바람 사이에서 우리는 달렸고, 또 달릴 것이다. 사랑이 올 때까지.

더 많은 공기와 바람과 사랑과 자유를

제주국제트레일러닝 대회 체험기 2

어느덧 제한 시간이 다 됐다. 하지만 많은 선수가 빗속에 서서 누군가를 기다린다. 마지막 완주자 쿠보타 에이코 씨. 다친 다리를 이끌며 붕대 투혼을 보이는 그녀가 결승지점으로 들어오자 일대는 눈물바다가 됐다.

동행의 기쁨

계절이 한 바퀴 돌고 다시 가을바람이 선뜻하게 불었다. 착륙하는 비행기의 작은 창으로 제주의 노을이 새어 들어왔다. 팥죽 끓듯 여기저기서 솟아오른 오름, 현무암으로 얼기설기 쌓은 검은 돌담들, 섬 언저리를 때리고 도망가는 하얀 파도가 하나의 프레임 안에 들어오는 순간 이 땅을 실감했다. 다시 제주.

1년 전 10월, 제주의 창공을 바라보며, 또 하루는 바람을 거스르며, 또 하루는 안개비를 맞으며 한라산과 해변과 너덜경과 구릉과 진창과 오름을 신나게 내달렸다. 시간은 꿈처럼 남아 무시로 일상을 파고들었다. 언제라도 재생 가능한 추억과 소중한 인연들이 있어 좀 더 살만해졌고, 그날 이후로 삶은 좀 더 재미있어졌다. '다시 원 없이 달려보고 싶어.' 서울의 하늘 아래서 그런 중얼거림을 삼키는 나날이 많았다. 제주에서의 사흘은 분명 특별했다. 그렇게 기약을 했고 어느 날 불현듯 배낭을 꾸렸다.

오전 5시 표선생활체육관. 새벽 어스름에 잠에서 깨고 이른 아침을 먹고 관절마다 테이핑하고 준비한 옷가지와 장비 등을 단단히 챙기는 일련의 풍경은 이 대회에서 맛볼 수 있는 작은 묘미 중 하나이다. 기꺼이 불편을 감당하기로 한 사람들이 줄을 서서 씻고 삼삼오오 모여 몸과 마음의 긴장을 풀었다.

첫날은 한라산 30km를 달린다. 영실 주차장을 들목으로 한라산둘레길을 16km쯤 달린 뒤 돈내코에서 윗세오름에 올라 다시 영실로 되돌아온다. 카운트다운 아래 200여 선수들이 환성을 지르며 앞다퉈 출발했다. 15도쯤 경사진 포장도로를 1km쯤 거슬러 올랐을까? 길은 갑자기 오른쪽으로 툭 터지며 우리를 너덜경으로 이끌었다.

"좋아! 산이로구나!"

어디선가 이런 탄성이 들렸다. 길의 모양이 바뀌자 선두권 몇몇이 뒤바뀌기도 했다. 아스팔트에 강한 로드 러너는 뒤처졌고 산길에 강한 트레일 러너는 빛의 속도로 뛰쳐나갔다. 농도 짙은 숲 그늘에 들면서 레이스는 점점 흥미를 더해갔다.

작년 대회에 이어 참가한 김대길 씨. 이번에는 러닝 동아리 후배 고경덕 씨와 팀을 꾸려 호흡을 맞췄다. 무슨 힘이 그를 연거푸 이곳에 오게 한 걸까? 그 또한 행복했던 기억이 큰 몫을 차지했다.

"올해도 대회 공지가 뜨자마자 망설임 없이 신청했어요. 사흘 동안 산, 바다, 오름을 달릴 수 있는 스테이지 대회는 전국에서 이곳이 유일하거든요. 또 국내의 어느 트레일러닝 대회도 팀으로 참가하는 데가 없어요. 지인과 함께 달리면서 즐거움을 나눌 수 있다면 더할 나위 없이 좋을 것 같았어요. 이제는 연례행사에요. 내년에도 참가할 겁니다."

둘레길을 벗어나 체크포인트에서 급수한 뒤 윗세오름을 향해 본격적으로 치고 오를 때쯤 또 다른 팀과 마주쳤다. 김경수 씨와 그 뒤를 따르는 정태모 씨. 하나의 버프를 이어 잡고 앞뒤로 혹은 나란히 서서 구령을 붙이며 달리는 모습이 인상적이라 으레 팀인 줄 알았다. 한데 본래 안면 정도만 있었지 큰 친분은 없었던 '그냥 아는 사람'이었다고. 신청은 따로 했지만, 체육관 모퉁이에 가지런히 침낭을 깔면서 두 사람의 운명은 지금의 국면을 만났다.

"꿈만 같은 2박 3일의 100km 장도를 누군가와 함께 달리게 될 줄은 전혀 예상하지 못했어요. 정태모 씨의 완주 의지가 자연스럽게 서로의 손을 잡게 했지요. 강철보다 강한 이 버프가 서로를 연결해 주는 끈이 돼 우리는 한 몸이 됐습니다."

10년 동안 틈만 나면 사막과 오지를 달렸고 그 후일담을 <미쳤다는 말을 들어야 후회 없는 인생이다>라는 책으로 남긴 직장인 모험가 김경수 씨의 말이다.

금융권에서 일하는 정태모 씨는 20대 초반에 달리기를 시작했다. 인생의 방향과 자아를 찾고 싶어 한강변을 달리곤 했다. 그러다가 마라톤 풀코스도 완주했고 이번 대회도 참가하게 됐다.

"직장에 다니느라 준비가 충분하지 않았던 상태에서 출전했기에 힘들다는 생각만 하고 있을 찰나였어요. 그런데 김경수 선배와 함께 발걸음을 맞추니 흔한 표현으

JEJU TRAIL
3106
3043
4128
4090

로 '혼자 하면 빨리 가지만 함께하면 멀리 간다'라는 문구가 가슴에 새겨지더라고요. 남은 날들도 즐거울 것 같아요. 기대됩니다!"

꿈메달리스트

대회 이틀째. 이날은 표선해변에서 출발해 섭지코지를 지나 성산 일출봉이 바라보이는 광치기해변까지 해안가 30km를 달렸다. 산길인 어제와 달리 오늘은 포장도로가 길의 주된 형태라 선수들은 으레 이곳에서 속도전을 펼치려 했다. 길은 종종 발이 푹푹 빠지는 백사장을 지나기도, 밀물 때를 만난 바닷물을 건너기도 했다. 모래바람이 반대편에서 불어와 이리저리 휘청대기도 했지만, 선수들은 자연의 흐름에 몸을 맡기며 이조차도 기꺼이 즐겼다. 간간이 비가 흩날려 차라리 다행이었다. 뙤약볕은 괴롭다.

빠르지는 않지만 정확히 한 발 한 발을 내디디며 묵묵히 달리는 여성 주자의 뒷모습이 보였다. 초등교사 조정민 씨. 과연 단단한 철의 여인이다. 20대 후반 마라톤에 흠뻑 빠져 지내다 네팔 안나푸르나 트레킹을 다녀오며 산의 참맛을 알았다. 달리기와 산행을 좋아하면서 자연스레 이번 대회도 참가하게 되었다. 인생의 버킷리스트를 실행 중이었다. 1월 한라산, 5월 지리산, 7월 설악산, 그리고 10월 제주. 내년 2월에는 에베레스트 트레킹을 다녀올 계획이며 궁극에는 알프스 몽블랑 울트라마라톤에 출전하는 것이 목표다. "제주의 살아 있는 자연도 좋고, 진심 어린 파이팅을 외치며 달리는 주자들도 아름답습니다. 내년에도 도전할 거예요!"

달리는 참가자들을 뒤좇으며 카메라의 셔터를 아낌없이 누르는 여인이 있었으니 재능기부차 사진 담당 스태프로 활약 중인 유희선 씨다. 작년 이 대회에 참가해 마지막으로 완주한 전력이 있었다.

"그때 함께 달리며 정들었던 선수들과 재회해서 정말 반갑고 좋아요. 한번 해 봤기에 100km를 달린다는 게 얼마나 어려운 일인지 알잖아요. 선수들 모두를 응원하

5008

며 그들의 멋진 모습을 사진으로 담을 수 있어 즐겁습니다."

이번 대회 최고령 참가자이지만 철인3종경기가 취미이며 작년에도 참가해 완주한 이희찬 씨는 후배들 사이에서 밥과 술 잘 사주는 '짱짱맨 선배'로 통한다. 이 대회가 있기 일주일 전에 이미 삼척에서 철인대회를 한바탕 뛰고 온 터라 무리가 있을 법도 했다.

"사람들 만나러 온 거지. 다 보고 싶었던 사람들 보러 온 거야. 운동이야 어디서나 할 수 있지만 너희들을 또 어디서 만나겠어? 2박 3일간 동고동락하면서 우애 다질 수 있는 굉장히 고마운 게임이야. 나에게도 참 고마워."

그의 눈이 잠깐 빛났다.

내일은 제주의 하이라이트라 할 수 있는 오름과 잣성중산간 목초지에 쌓은 목장 경계용 돌담과 광활한 초원지대 40km를 내달린다. 과거 조정에 보내고자 최상급 말들을 키워낸 갑마장의 큰사슴이오름과 따라비오름을 두 차례 왕복하는 동안 반가운 얼굴들을 두루두루 만날 것이다. 우리 또한 눈이 푸른 야생마가 되리라.

나는 달린다, 고로 존재한다

트레일러닝은 '단풍나무'다. 유원기

트레일러닝은 '모험'이다. 공성훈

트레일러닝은 '사람'이다. 이관우

트레일러닝은 '힐링 여행'이다. 허주현

트레일러닝은 '인조이'다. 손강희

사흘 동안 치른 대회의 종합 우승은 예상국 씨에게 돌아갔다. 학교 대외 홍보대사로 활동하는 그는 학생으로서는 부담될 수 있는 대회 참가경비를 학교로부터 지원받았다. 적성을 잘 살려 현재는 한 아웃도어 브랜드 마케팅팀에서 인턴으로 일하고 있다. 올해 초 트레일 러닝에 관심을 갖게 됐고 트레일의 매력에 빠져 이번 대회도 접하게 됐다는 그는 자신이 1등을 한 것에 대해 '믿기지 않는 일이 벌어졌다'라며 겸손 어린 너스레를 떨었다.

"100km를 완주하면서 느낀 점이 있다면 '동행의 질'이 업데이트됐다고 할까요? 트레일에서 달릴 때 좋은 것은 함께하는 사람들의 존재가 더 크게 다가온다는 점이에요. 오르막과 내리막, 울퉁불퉁한 길들이 조화를 이루는 트레일을 달린다는 것은 분명 어려움이 따르지만 그러한 리스크가 있기에 앞뒤 좌우를 좀 더 꼼꼼히 살피게 되고 좀 더 여유를 갖고 움직이게 되지요. 그러다 보면 어느새 함께하는 사람들과 자연과 마주하게 되고, 그들의 소중함을 알게 되거든요."

어느덧 제한 시간이 가까워졌다. 하지만 많은 선수가 빗속에 서서 누군가를 기다린다. 마지막 완주자 쿠보타 에이코 씨. 다친 다리를 이끌며 그녀가 결승지점에 들어오자 일대는 눈물바다가 됐다. 레이스 중 바위 위에 넘어져 무릎이 깊이 찢어졌는데도 결코 포기하지 않고 붕대 투혼을 벌인 것이다. 다쳐서 제대로 굽어지지도 않는 다리로 용케도 오르막과 내리막을 잘도 걸었다.

"환호해 주셔서 감사하므니다!"

하늘도 울고 그녀도 울고 모두가 울었다.

'지지 않는다는 말이 반드시 이긴다는 것을 뜻하는 것만은 아니라는 깨달음이었다. 지지 않는다는 건 결승점까지 가면 내게 환호를 보낼 수많은 사람이 있다는 걸 안다는 뜻이다. 아무도 이기지 않았건만 나는 누구에게도 지지 않았다.' 달리는 소설가 김연수는 말했다. 누군가는 달린다. 또 다른 꿈을 향하여. 누군가는 달린다. 사막에서 북극까지. 누군가는 달린다. 사랑이 올 때까지. 또 달린다. 그렇게 하지 않으면 안 될 것 같아서. 지금도 많은 사람이 저마다의 이유를 가슴에 안고 세상 곳곳을 달린다. 당신은 달리고 있는가? 당신에게 달리기는 무엇인가?

STAGE 6

트레일러닝,
이렇게 시작하자

렛츠 트레일 러닝

궁극의 여행으로의 초대

트레일 러닝은 자연과 함께 하는 운동이다. 숲과 산과 시야가 확 트인 초원지대를 달리며 몸과 마음을 치유하는 운동이다. 동시에 트레일 러닝은 새로운 자연을 찾아 떠나는 '여행'이다. 나를 위한 행복한 여정, 궁극의 여행 세계로 당신을 초대한다.

동네 산책부터 시작하자

아침마다 새소리를 들으며 잠에서 깬다. 낮엔 오름을 오르고 저녁이 되면 자전거로 동네 산책을 한다. 매일 같은 곳이지만 매일 새롭다. 도시에서는 경험할 수 없는 자연과 고향에서의 여유로운 생활이 몸과 마음을 편안하게 해준다.

요즈음 많은 사람이 아웃도어 활동을 한다. 자연 속에서 몸과 마음의 건강을 북돋으려는 것이리라. 아웃도어 활동 중 운동 효과가 가장 큰 게 트레일 러닝Trail Running이다. 트레일 러닝은 포장되지 않은 길이나 산, 들판을 걷거나 달리는 운동이다. 운동을 좋아하고 자연을 사랑한다면 누구나 쉽게 시작할 수 있다. 마라톤처럼 기록이나 시간에 얽매이지 않아도 된다. 자연을 즐기며 할 수 있는 만큼 걷거나 달리면 된다. 동네 산책이나 가까운 산을 오르면 그게 트레일 러닝이다.

걷기는 특별한 장비나 경제적인 투자 없이도 가장 쉽게 할 수 있는 유산소 운동이다. 마음의 건강도 가져다준다. 기분을 전환하고 스트레스를 해소할 수 있다. 걷다 보면 근심, 걱정, 불안한 마음이 사라져 마음의 평온도 찾을 수 있다. 또 체력이 좋아지면 자신감이 생기고, 심리적인 안정감도 주어 일상의 행복감과 삶의 질을 높일 수 있다.

걷기는 '가벼운' 운동이지만 그래도 부상을 조심해야 한다. 특히 운동 전후 스트레칭 등 준비 운동은 필수다. 운동 시작 전에 근육을 이완해주면 좋다. 이렇게 하면 유연성이 높아지고 몸 안의 열을 신체 여러 곳으로 골고루 분산시켜 크고 작은 부상을 미리 예방할 수 있다. 운동이 끝난 후에도 스트레칭으로 뭉친 근육을 풀어주면 피로를 빨리 회복할 수 있다.

트레일 러닝은 누구나 할 수 있다. 먼저 동네 산책부터 시작하자. 집 밖으로 나와 자연을 걸으면 이미 당신은 트레일 러너다. 재미가 붙으면 집 근처 작은 산을 오르며 운동의 양을 늘려보자. 꾸준히 하면 체력이 향상되고 성취감과 함께 자신감도 오르게 된다. 이렇게 되면 도전 의식이 생긴다. 더 큰 도전에 대한 욕심이 조금씩 생기기 시작한다. 이때부터 운동의 강도를 조금씩 늘리며 본격적으로 트레일 러닝에 도전하면 된다.

3342
3158

자연을 즐기며 나에게 집중하자

트레일 러닝은 도로 위를 달리는 마라톤과 다르다. 기록 경쟁을 하는 마라톤이 아니라 자연과 함께 하는 운동이다. 도시와 도로가 아니라 산, 숲, 초원지대를 달리며 도시 생활에 지친 몸과 마음을 치유하는 운동이다.

"내가 달릴 수 있을까?" 누구나 시작하기 전에 스스로 이런 질문을 한다. 하지만 두려움을 가질 필요는 없다. 자신의 체력 수준에 맞춰 달리면 된다. 중요한 것은 체력이 아니라 실천이고 지속성이다. 자연을 좋아하는 마음, 자연을 즐기고자 하는 내적 욕망, 도전하려는 의지가 당신을 트레일 러닝으로 이끈다.

트레일 러닝은 로드 러닝보다 더 많은 체력을 요구한다. 하지만 이 또한 걱정할 필요 없다. 달리다 힘들면 걸으면 되고 이마저 힘들면 잠시 쉬어도 좋다. 자연의 에너지를 받고, 자연의 소리에 귀를 기울이고, 맑은 공기를 마시고, 자연을 즐기며 자신에게 집중하는 것, 이게 트레일 러닝이다. 기록도 신경 쓰지 말고 각자의 체력에 맞게 걷고, 달리며 자기만의 여정을 가면 된다.

모든 운동은 부상 위험이 있다. 트레일 러닝도 마찬가지다. 특히 초보 러너는 부상의 위험도를 낮추기 위해 충분히 연습하고 필수장비를 잘 갖추는 게 중요하다. 러닝과 근력 운동을 같이해 몸 전체에 균형을 맞추는 게 중요하다. 이렇게 하면 부상 예방에 도움이 되고 기록도 단축할 수 있다. 필수장비는 당연히 트레일 러닝화이다. 실력을 키우고 기록도 단축하여 더 높은 단계로 오르고 싶다면 전문가의 도움이 필요하다. 특히 '업힐'Uphill과 '다운힐'Downhill 등 다양한 기술을 배우면 안전과 달리는 재미, 기록 향상을 모두 얻을 수 있다.

트레일 러닝은 새로운 자연을 찾아 떠나는 '여행'이다. 자동차와 기차를 타고 떠나는 여행이 아니라 새로운 땅, 새로운 환경, 새로운 자연을 두 발로 걷고 달리며 느끼고 감상하고 경험하는 체험 여행이다. 동시에 트레일 러닝은 직접 달리며 한계에 도전하며 나를 발견하고 새로운 나를 만들어 가는 '나를 위한 여행'이다. 나를 위한 행복한 여정, 궁극의 여행 세계로 당신을 초대한다.

초보자를 위한 트레일 러닝 훈련법

업힐 다운힐 러닝법부터 신발 선택 방법까지

트레일 러닝을 어떻게 접근하면 좋을까? 'Salomon TV' 유튜브 방송에 들어가면 초보자부터 울트라 러너까지 모두 알기 쉽게 배울 수 있도록 잘 정리되어 있다. 각 영상은 3~5분 내외이며 여기서는 중요한 영상만 골라 정리해봤다.

다른 운동도 마찬가지지만 트레일 러닝도 사전에 준비해야 즐겁게 잘 달릴 수 있다. 훈련 방법부터 신발 선택 기준까지 트레일 러닝을 즐기는 데 꼭 필요한 정보 8가지를 골라 소개한다. 아래에 정리한 내용을 잘 습득하고 반복 연습을 하면 트레일 러닝을 더 재미있고 안전하게 즐길 수 있다. 'Salomon TV' 유튜브 방송은 이외에도 더 다양한 기술과 방법을 안내하고 있다. 더 깊은 정보를 얻을 수 있을 것이다.

1. 초보자를 위한 훈련 프로그램 및 영양 섭취 방법

트레일 러닝을 처음 시작하는 사람은 거리보다는 시간에 집중해서 달리는 게 좋다. 처음에는 걷기와 러닝을 같이 하다가 러닝에 조금 익숙해지면 10km를 몇 분에 뛰는지 체크하면서 자신의 체력에 맞게 운동량을 늘려가면 좋다.

러닝 초보자를 위한 훈련 프로그램

1주 차	45분씩 2일	**4주 차**	1시간 15분씩 3일
2주 차	45분씩 3일	**5주 차**	1시간 30분씩 3일
3주 차	1시간씩 3일	**6주 차**	2시간씩 3일

달리기 연습 못지않게 균형 잡힌 식단도 중요하다. 대회 2~3일 전에는 고기를 너무 많이 먹지 않는 게 좋다. 생선이나 감자 그리고 쌀과 같은 탄수화물 중심 식사로 소화가 잘되게 하는 게 중요하다.

대회 하루 전날은 좀 더 많은 밥과 약간의 채소를 같이 먹는 게 좋다. 소화가 잘 안 되는 음식은 피하자. 대회 당일엔 레이스 시작 2~3시간 전에 식사를 마쳐야 한다. 쌀과 같은 탄수화물을 반드시 먹어야 한다. 탄수화물은 달리는 내내 우리 몸의 에너지로 전환된다. 중간 체크포인트에서 에너지를 잘 보충해 레이스에 지장이 없도록 해야 한다. (출처 https://www.youtube.com/watch?v=Vk7yerB2arQ)

2. 필수 준비물-서바이벌 키트

레이스백에 들어갈 장비는 대회마다 조금씩 다르지만 아래 내용은 꼭 챙겨야 한다.

물 물병에는 물 또는 스포츠 드링크를 채운다.

영양 보충용 간식 레이스 도중 영향을 보충해줄 에너지 바 등을 가방에 챙긴다. 영양보충용 간식은 반드시 미리 먹어본 것이라야 한다. 자신이 좋아하는 맛인지, 소화에는 문제가 없는지 미리 확인해야 레이스 중 탈을 방지할 수 있다. 달리는 중에는 먹기 힘들고, 특히 페이스가 빠를 경우 소화가 잘 안 되기 때문에, 평소 연습할 때 먹는 연습을 충분히 해야 한다.

헤드램프 장거리 레이스에서는 헤드램프가 꼭 필요하다. 또 반드시 여유분의 헤드램프와 건전지를 준비해야 한다. 야간 레이스에서 헤드램프가 고장 나거나 달리는 중 건전지가 전부 소비될 수 있다.

서바이벌 블랭킷 서바이벌 블랭킷은 길을 잃거나 부상으로 목적지까지 빨리 갈 수 없을 때 추위로부터 몸을 지켜줄 중요한 장비이다.

재킷 레인 재킷, 혹은 보나티 재킷을 챙겨야 한다.

플라스틱 백 핸드폰은 젖을 것에 대비하여 플라스틱 백에 넣어두면 좋다.

러닝 가방 달리다가 멈추지 않고 물건을 빼고 넣을 수 있도록 설계된 것이 좋다.

(출처 https://www.youtube.com/watch?v=od3sJmE4WdQ)

트레일 러닝을 위한 필수 장비 (트랜스 제주 국제트레일러닝대회 50km, 112km 기준 준비물)
최소 1.5ℓ 이상의 물병, 배터리 교환이 가능한 헤드랜턴 2개, 배터리 1세트, 안전등깜빡이등 혹은 점멸등, 긴 팔 상의, 방수 재킷, 방한용 긴바지, 방한용 장갑, 방한용 모자 혹은 두건, 휴대전화, 호루라기, 간식최소 200Kcal 이상, 현금최소 1만 원, 대회 전화 번호대회 관계자의 연락처는 배번표에 적혀있음, 개인 물컵체크포인트에서 일회용품 사용을 줄이고, 수프·차·커피·탄산음료 등 다양한 음료를 즐기기 위해 반드시 개인 컵을 지참, 서바이벌 블랭킷1.40m x 2m 크기 추천, 구급대, 접착용 압박붕대최소 3cm x 3m 이상

3. 수분 섭취, 어떻게 해야 할까?

Race Tip 진통제를 먹지 말자
레이스 도중 진통제를 복용하는 것은 매우 위험한 행동이다. 자신의 체력, 자신의 다리에 의존하며 무리하지 말고 레이스를 진행하자. 그래야 부상의 위험을 피할 수 있다. (출처 https://www.youtube.com/watch?v=aGFipltnkOE)

달리는 거리에 따라 수분 보충 방법이 달라진다. 수분 보충할 때 제일 중요한 것은 자신의 몸의 소리를 들어야 한다는 것이다.

보통 대회 3일 전부터는 하루에 1.5~2ℓ의 물을 섭취하길 권한다. 대회에서 처음 마시는 물은 갈증을 느꼈을 때이다. 보통 물을 너무 많이 마시게 되면 수분 과잉 상태가 될 수 있고, 이는 착란 현상과 복통을 일으킬 수 있다. 따라서 즉흥적으로 물을 섭취하지 말고 자신의 몸에 집중하여, 갈증을 느낄 때 물을 섭취하는 게 좋다. 하지만 레이스가 시작되고 1시간이 지나도록 물을 먹지 않았다면, 그때는 물을 마시는 게 좋다.

2개의 물병 중 하나는 물을, 다른 하나는 스포츠 드링크를 채우는 게 좋다. 40~50km를 넘어가는 레이스에서는 이온 음료를 활용하는 게 좋다. 물병을 앞가슴에 착용할 수 있는 가방을 사용하는 게 좋다. 이렇게 하면 물을 편리하게 마실 수 있다. 또 남아있는 물의 양을 쉽게 확인할 수 있으며, 등 뒤 배낭에 담긴 물품들과 무게의 균형을 이룰 수도 있다. 10시간 이상 긴 레이스를 할 때는 이온 음료만으로 염분을 섭취하는 것은 무리이다. 이때는 체크포인트에 있는 음식을 활용하여 염분과 당을 보충해야 한다.

4. 오르막 쉽게 오르는 방법

트레일 러닝에서 가장 힘든 것 중의 하나가 오르막 레이스이다. 하지만 몇 가지 기술을 이해하고 바른 자세로 꾸준히 연습하면 더 쉽게 오르막에서 레이스를 할 수 있다.

첫째, 발 앞꿈치로 달리자. 발바닥 모두를 이용하기보다는 앞꿈치와 반동을 이용해서 오르는 게 좋다. 몸에 힘을 빼고 반동을 이용하면 불필요한 체력소모를 아낄 수 있다.
둘째, 상체를 너무 앞으로 기울이면 좋지 않다. 상체의 무게중심을 자신의 발보다 약간 앞에 놓되 너무 앞으로 기울이면 좋지 않다. 자세가 너무 불안정하면 다치거나 더 큰 체력 손실을 보게 된다.
셋째, 상체의 움직임을 활용하면 힘을 덜 쓰고 오를 수 있으며, 빨리 오르는 데 도움을 준다. 팔의 움직임과 이동하는 힘을 이용해서 달리면 효율적으로 달릴 수 있다. 그리고 페이스는 너무 자주 바꾸면 체력이 빨리 떨어진다.
넷째, 오르막에서는 걷는 것도 중요하다. 뛰는 속도만큼 빠르게 걷는 것은 우리 에너지를 아낄 수 있는 또 하나의 방법이다. 무릎을 짚고 빠르게 오르자. 이때 손바닥이 최대한 무릎에 가깝게 밀착하는 게 중요하다. 손을 무릎에 밀착해 대고 발을 스틱처럼 이용해서 오른다면 힘이 덜 든다. 그리고 손을 허리나 엉덩이 뒤쪽으로 위치시켜 오르는 것도 좋은 방법이다. 이렇게 하면 힘을 분산시켜 체력소모를 줄일 수 있다. (출처 https://www.youtube.com/watch?v=mufTPk1hwzU)

5. 내리막 잘 달리는 방법

내리막길을 갈 때는 앞꿈치로 착지해야 한다. 앞꿈치로 내디디면 충격을 흡수하고 분산시켜 무릎과 발목 등을 보호할 수 있다. 반면 뒤꿈치로 착지하면 무릎이나 엉덩이 쪽으로 바로 충격이 간다. 뒤꿈치로 착지하면 발목을 접지를 가능성도 더 높다.
내리막길에서 몸의 균형을 잘 잡는 것도 중요하다. 내리막에서는 상체를 약간 앞으로 기울이는 게 좋다. 방향을 전환할 때는 팔의 움직임을 활용하면 좋다. 양팔을 가볍게 벌리는 것 자체로 균형 유지에 도움이 된다. 달리면서 지형을 읽는 것도 무척 중요하다. 적어도 2~3 발자국 앞의 지형을 파악하고 있어야 한다. 그래야 지형에 빠르게 대응하고 발을 더 잘 내디딜 수 있다.

진흙이 많고 습할 때는 미끄럼을 조심해야 한다. 특히 돌과 나무뿌리가 평소보다 더 미끄러우니 주의를 기울여야 한다. 건조한 날씨에는 돌에 착지하되, 잔돌이 많은 곳은 미끄러워 넘어질 수 있으니 조심하자. (출처 https://www.youtube.com/watch?v=YLScRlispoo)

6. 러닝 후 체력 회복 방법

레이스 후엔 체력이 많이 소진되기 때문에 몸이 원하는 영양분을 채워줘야 한다. 당이 필요하면 당분 섭취나 탄수화물을 섭취하면 된다. 채소나 과일 등도 체력 회복에 도움이 된다.

대회를 마친 직후엔 가볍게 다리를 흔들며 몸을 풀어주고, 가벼운 마사지와 스트레칭을 해주는 게 좋다. 레이스 후엔 하체뿐만 아니라 상체도 근육이 굳어있으므로 전체적으로 풀어주는 게 중요하다. 그리고 요가를 통해서 상체옆구리, 등, 목 팔 등와 하체장경인대-넙적다리인대 등의 근육을 풀어주면 좋다. 보통은 대회가 끝나고 1주일 정도 휴식을 취하지만, 상황에 따라서 달라질 수 있다. 하지만 충분히 쉬고 다시 시작하는 게 몸이 무리가 가지 않아 좋다. (출처 https://www.youtube.com/watch?v=5UVIGmozP_Y)

7. 부상 방지, 이렇게 하자

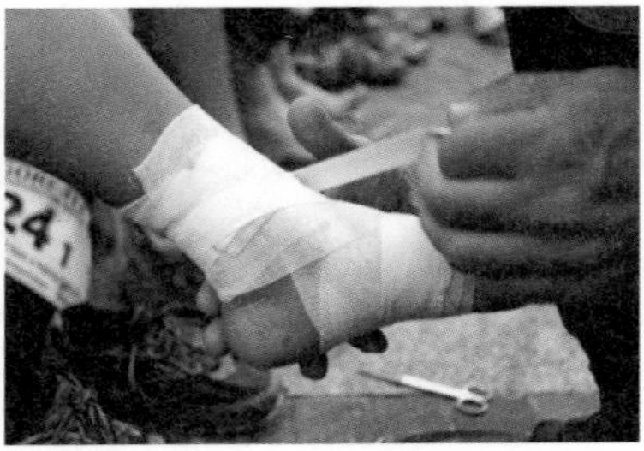

안타깝게도 러너 중 60~80%는 부상을 경험한다. 부상은 트레일 러닝에 대해서 잘 모르거나 지나친 운동 욕심 때문에 생긴다. 다음 내용을 숙지하여 노력하면 부상의 확률을 많이 줄일 수 있다.

첫째는 점진적인 훈련이 중요하다. 우리의 몸이 훈련량을 따라가지 못하거나 적응하지 못하면 부상을 입는다. 너무 급하게 훈련량을 늘리면 반드시 부상이 온다.
둘째는 근력을 키우면 좋다. 러너 대부분이 근력에 무관심한 경우가 많다. 하지만 근력에 대한 이해를 높이고 러닝에 맞는 근력을 함께 키우면 부상 비율을 상당히 낮출 수 있다. 근육 운동은 코어와 하체 훈련 등 러닝에 필요한 근력을 먼저 키워야 하지만 상체와 하체 모두 균형 있게 운동해주는 것이 더 좋다.
셋째는 전문가의 도움을 받는 것이다. 보통 러닝을 시작할 때 코치를 찾아가는 경우는 드물다. 다른 스포츠와 달리 달리기는 혼자서도 할 수 있다는 생각으로 셔츠와 신발을 산 후 밖으로 나가서 달리기 시작한다. 스키나 골프와 마찬가지로 트레일 러닝도 코치가 필요하다. 다양한 러닝 기술과 부상 방지 방법을 배우면 더 안전하고 즐겁게 달릴 수 있다. (출처 https://www.youtube.com/watch?v=haiJ-Fjx9eQ&t=7s)

8. 신발 선택 어떻게 할까?

트레일 러닝화는 몇 가지 기준을 참고하여 골라야 한다. 제일 중요한 네 가지 요소는 접지력, 보호성, 착화감, 안정성이다. 이 네 가지 요소에 발의 특성, 본인의 러닝 실력 등을 고려하여 신발을 고르면 달리는 데 큰 도움을 받을 수 있을 것이다.

① 접지력-밑창의 돌기가 중요하다

트레일 러닝화의 아웃솔밑창의 돌기는 땅과의 마찰력을 증가시켜 정돈되지 않은 트레일 위에서 통제력을 갖고 달릴 수 있도록 도와준다.

② 보호성-갑피가 단단하다

트레일 러닝화의 표면은 로드 러닝화와 달리 단단하게 구성되어 있다. 이는 돌이나 바위 같은 장애물로부터 발을 보호해준다. 또한 미드솔은 겹겹 층으로 구성되어 있다. 이 또한 돌출한 돌과 지형으로부터 발을 보호해준다.

③ 착화감-밀착 핏이 중요하다

트레일에서 민첩성을 유지하기 위해서는 발에 꼭 맞는 착화감을 가진 트레일 러닝화를 신어야 한다. 그래야 발과 관절에 무리가 안 가고 트레일의 지면을 충분히 느끼면서 달릴 수 있다. 주의할 점은 너무 딱 맞는 신발을 신어서는 안 된다. 신발의 맨 앞 부분과 발가락 끝이 1cm 정도 여유가 있는 사이즈를 선택해야 한다. 이는 장거리 레이스에서 물집 예방과 발톱 보호에 도움이 된다.

④ 안정성-발뒤꿈치 쿠션이 중요하다

트레일 러닝화는 발뒤꿈치 쿠션이 충격을 완화할 수 있는 형태조금 높고 강화된의 미드솔을 가지고 있다. 그래서 약간 무게가 더 나가지만, 이는 아주 중요한 요소이다. 조금 높고 강화된 발뒤꿈치 쿠션이 덜 미끄러지고, 발목을 접지를 가능성을 낮추고, 안정되게 뛸 수 있게 도와준다. (출처 https://www.youtube.com/watch?v=Dm-Sc7-zJCd0)

세계 트레일 러닝 정보

트랜스 제주와 울트라 트레일 몽블랑

트랜스 제주(Trans Jeju)는 2018년 UTWT 레이스가 되었다. 이제 세계의 28개 유명 트레일 러닝 대회와 어깨를 나란히 하고 있다. UTWT의 대표 레이스인 울트라 트레일 몽블랑의 참가 기준이 2020년부 일부 바뀌었다. 두 대회를 소개한다.

트랜스 제주, UTWT 레이스로 선정

울트라 트레일 월드 투어UTWT. Ultra Trail World Tour는 세계 트레일 러닝 협회와 세계 최고 트레일 러닝 대회 디렉터들이 공조하여 만든 단체이다. UTWT는 세계적인 울트라 트레일 러닝 대회 28개를 선정하여 홍보하고 지원한다. 트랜스 제주Trans Jeju는 2018년 UTWT 레이스에 선정되어, 이제는 세계적인 울트라 트레일로 성장했다.

트랜스 제주 112km는 누적 상승고도 4,800m 이상의 코스로, 한라산과 백록담, 오름과 해안을 달린다. 이 대회에 도전하기에 앞서 충분한 훈련과 경험이 필요하며 선수들은 32시간 이내에 코스를 완주해야 한다. 트랜스 제주 112km에 등록을 하기 위해서는 최근 2년 안에 100km 트레일 레이스를 완주한 경험이 있거나 50km의 트레일 레이스를 12시간 안에 완주한 기록이 있어야 한다.

트랜스 제주는 한국을 넘어 세계의 유명 대회들, 예를 들면 프랑스의 UTMB, 미국의 웨스턴 스테이트 100, 이탈리아의 라바레도 울트라 트레일, 일본의 UTMF, 홍콩의 홍콩 100 대회 등과 위상을 같이하는 대회로 성장해가고 있다. 대회는 매년 10월에 열리며, 10km, 50km와 112km 코스로 진행되다.

UTMB 등록시스템, 2020년도부터 바뀐다

울트라 트레일 몽블랑UTMB, Ultra Trail Mont Blanc은 프랑스의 샤모니 지역에서 열리는 세계 최대, 최고의 트레일 러닝 대회이다. UTWT의 대표 대회이며, 모든 트레일 러닝 대회의 롤모델이다. 난이도거리 및 누적고도에 따라 UTMB, CCC, TDS, OCC 등 달릴 수 있는 코스가 7개이다. 이중 가장 상징적인 코스인 UTMB 코스171km, 누적고도 10,000m를 대회명으로 사용한다. UTMB의 참가하는 기준이 2020년부터 일부 바뀌었다. 또 러닝 스톤 제도를 새로 만들었다.

1. 등록시스템 변경 이전 참가 기준

① 타 레이스 참가(Qualifying Races)

울트라 트레일 몽블랑에 출전하고자 하는 러너는 UTMB의 레이스 코스UTMB, TDS, CCC, OCC 등에서 요구하는 포인트 점수를 다른 울트라 마라톤 대회Qualifying Races에서 획득해야 하는 시스템이었다. 포인트를 충족시킨 참가자는 UTMB 대회 참가를 위한 추첨 기회가 주어졌다.

② 당첨 가능성

첫 번째 시도에서 당첨이 안 될 경우, 다음 해 당첨의 확률이 올라가고, 두 번째 해에도 추첨이 안 됐을 때는 3년째에는 추첨 없이 바로 등록할 수 있었다.

③ 이전 시스템의 한계

2019년 2만6천 명이 추첨Lottery 리스트에 등록했다. 2019년 전체 코스 참가 가능 인원은 1만 명 수준이었다. 수만 명 참가자의 기대를 충족하기 위해 좀 더 유연하고 개방적이며, 세계 여러 나라의 선수들이 만족할 만한 참가 등록 시스템이 필요하다고 생각하여, 새로운 시스템을 도입하였다.

2. 등록시스템 변경 후 참가 기준

추첨 리스트에 등록한 사람이 2019년 기준 2만6천 명에 이르는 점을 고려하여

UTMB에 참가할 수 있는 포인트 점수를 이전보다 조금 낮추었다.

① UTMB 포인트 변경

UTMB 15→10포인트

TDS 8→8포인트

CCC 8→6포인트

OCC 6→4포인트

(*2개 대회, 2년 이내)

② 당첨 가능성

그해 당첨이 안 될 경우, 다음 해에 당첨 가능성이 올라가는 구조이다. 당첨이 안

되면 티켓이 1개씩 늘어나고, 이러한 티켓은 다음 해 당첨 가능성을 높인다. 코스를 바꿀 경우예 : CCC→UTMB에도 당첨 가능성은 늘어난다. 즉 티켓이 적용된다.
*예를 들어 티켓이 2개인 경우, 추첨 리스트에 나의 이름이 2개가 있는 상태에서 추첨이 진행된다. 매해 추첨에 응시하지 않더라도 티켓은 사라지지 않고 보관된다. 다만 당첨될 경우 티켓은 사라진다.

3. 러닝 스톤, UTMB 대회에 새롭게 도입

① 러닝 스톤이란?

2020년부터 새롭게 시행되는 시스템으로, UTMB 대회의 각 코스UTMB, TDS, CCC, OCC가 요구하는 개수의 러닝 스톤을 모으면, 추첨Lottery 없이 바로 UTMB 대회에 참가할 수 있다.

② 어떻게 러닝 스톤을 모으나?

2020년부터 실시되는 UTWTUltra Trail World Tour의 레이스 또는 By UTMB 대회에 참가하여 완주할 경우, 국제트레일 러닝협회ITRA의 포인트에 상응하는 스톤을 준다.

> 포인트 예시
> UTMB 대회는 ITRA 포인트 1점당 3개의 스톤, UTWT 레이스 대회는 ITRA 포인트 1점당 1개의 스톤. 2020 트랜스 제주 112km의 ITRA 포인트는 5점이다. 따라서 트랜스 제주를 완주하면 러닝 스톤 5개를 받을 수 있다.

③ 몇 개의 러닝 스톤 필요한가?

UTMB171km러닝 스톤 18개

TDS145km러닝 스톤 15개

CCC100km러닝 스톤 15개

OCC55km러닝 스톤 12개

④ 아시아에는 어떤 UTWT 레이스가 있나요?

한국의 Trans Jeju, 홍콩의 Hong Kong 100k, 일본의 UTMF, 중국의 Gaoligong By UTMB가 대표적이다.

⑤ 러닝 스톤의 유효기간은?

유효기간은 4년이다. 2020년 획득한 러닝 스톤은 2024 UTMB 대회까지 사용해야 한다.

⑥ 러닝 스톤에 관해 다시 한번 정리해준다면?

UTMB 대회의 각 코스UTMB. TDS. CCC. OCC가 요구하는 러닝 스톤을 모으면, 추첨 없이 바로 UTMB 대회에 참가할 수 있다. 러닝 스톤은 UTWT 대회 또는 By UTMB를 완주했을 때만 받을 수 있다. 트랜스 제주 112km를 완주하면 러닝 스톤 5개를 받을 수 있다.

안병식

세계적인 트레일 러너이자 트레일 러닝 대회 레이스 디렉터이다. 대학에서 미술을 전공했으나 학교에서 열린 '5km 건강 달리기' 대회에 참가했다가 달리기의 매력에 빠졌다. 한국인 최초 세계 최대 울트라 트레일 러닝 대회인 UTMB 완주, 고비사막 마라톤 우승, 사막 마라톤 그랜드 슬램 달성, 북극점 마라톤 우승 기록을 가지고 있다. 하루 평균 70km 이상을 달려 35일 동안 프랑스, 독일 2,350km 종단에도 성공했으며, 이외에도 아시아·아프리카·남미·유럽·오세아니아에서 열린 30여 개 울트라 트레일 러닝 대회에 참가하여 10,000km를 넘게 달렸다. 지구 둘레 1/4을 달린 셈이다. 현재는 제주국제트레일러닝대회, Trans Jeju, DMZ트레일러닝대회 등을 기획하고 운영하는 레이스 디렉터로 활동하고 있다. 지은이가 출전한 주요 대회는 다음과 같다.

2001년 서울국제마라톤 풀코스 완주(3시간 27분)
2001~2002년 울트라마라톤대회 100km 완주
2003년 제주국제아이언맨대회(수영3.8km, 싸이클 180km, 마라톤 42km) 완주
2005년 이집트 사하라사막 마라톤 250km 완주
2006년 중국 고비사막 마라톤 250km 우승(한국 최초 사막마라톤 우승)
칠레 아타카마사막 마라톤 250km 4위
이집트 사하라사막 마라톤 250km 3위
2007년 남극 마라톤 130km 3위(한국 최초 사막마라톤 그랜드 슬램 달성)
2008년 베트남 정글 레이스 235km 완주
북극점 마라톤 우승(한국 최초 남극과 북극점마라톤 완주)
고어텍스 트랜스알파인런 300km 완주
이집트 사하라사막 마라톤 250km 완주
2009년 제주국제울트라마라톤 한라산 148km 트레일런 우승
스페인 산티아고 순례길 800km 15일 완주
UTMB 166km 한국 최초 완주
고어텍스 트랜스알파인런 240km 완주
남아프리카 칼라하리사막 익스트림마라톤 240km 완주
히말라야 레이스 166km 3위

2010년 제주국제울트라마라톤 한라산 트레일런 148km 우승
호주 울트라레이스 250km 완주
프랑스 종단(1,150km) 18일 완주
독일 종단(1,200km) 17일 완주
2013년 타이완 종단 1,300km 미디어팀 카메라맨으로 참여
2014년 모로코 사하라사막 마라톤 250km 완주
미국자전거횡단 4,800km '팀 코리아' 미디어팀 카메라맨으로 참여
마다가스카르 레이스 253km 완주
2015년 오스트레일리아 레이스 50km 완주
에콰도르 레이스 250km 완주
2016년 홍콩 울트라트레일레이스 100km 완주
2017년 아르헨티나 파타고니아레이스 250km 완주
2018년 나미브사막 마라톤 100km 완주
홍콩 트랜스 란타우 50km 완주
2019년 나미브사막 마라톤 250km 완주
홍콩 트랜스 NT 50km 완주
이탈리아 라바레도 울트라트레일 120km 완주
페루 이카사막 마라톤 120km 완주

제주국제트레일러닝대회 http://www.jejutrail.com
TRANS JEJU http://www.transjeju.com